促进生态文明建设的
产业结构理论及应用

李春发　李红薇 / 著

国家社会科学基金资助项目（项目编号：08BJY004）

科学出版社

北　京

内 容 简 介

本书主要从产业发展、产业结构体系构建和产业布局优化等方面研究促进生态文明建设问题。研究内容涉及人类文明发展与产业结构演进的关系、生态文明建设内容及其产业结构体系构建、生态文明建设的产业布局与结构优化，以及生态文明建设的产业结构的系统论分析，并对中新天津生态城生态文明建设的产业结构系统进行系统动力学仿真研究，提出促进中新天津生态城生态文明建设的产业结构体系构建的对策和建议。

本书可作为从事生态文明建设和产业结构研究的研究人员和高等院校相关专业师生的参考用书，也可作为生态文明建设普及性读物供社会各界人士阅读参考。

图书在版编目（CIP）数据

促进生态文明建设的产业结构理论及应用 / 李春发，李红薇著. —北京：科学出版社，2015

ISBN 978-7-03-046050-9

Ⅰ. ①促… Ⅱ. ①李… ②李…Ⅲ. ①生态环境建设–研究–天津市 ②产业结构–研究–天津市 Ⅳ. ①X321.221②F127.21

中国版本图书馆 CIP 数据核字（2015）第 250837 号

责任编辑：徐 倩 / 责任校对：贺华静
责任印制：徐晓晨 / 封面设计：无极书装

科 学 出 版 社 出版
东皇城根北街 16 号
邮政编码：100717
http://www.sciencep.com

北京京华虎彩印刷有限公司 印刷
科学出版社发行 各地新华书店经销

*

2015 年 12 月第 一 版 开本：720×1000 B5
2015 年 12 月第一次印刷 印张：11
字数：221 000
定价：**65.00 元**

（如有印装质量问题，我社负责调换）

前　　言

　　自2007年10月胡锦涛同志在中国共产党的十七大报告中第一次明确提出"建设生态文明"以来，有关生态文明的理论研究和生态文明建设实践就备受各方面关注。生态文明作为一种新的文明形态，是人类文明发展史上的一个新的阶段，也是文明系统中的新要素。文明是指人类在认识、改造客观世界和社会环境过程中所获得的物质、精神和制度的所有成果，是人类社会进步和开化状态的基本标志。生态文明是人类遵循人与自然和谐发展的基本规律，是在促进社会、经济和文化发展过程中所取得的物质、精神和制度成果的总和，其核心是人与人、人与自然和谐共生、全面协调可持续发展。回顾人类的产业和文明发展历程，产业是人类为满足自身不断增长的物质和精神生活需要，而在不断提升自身改造和利用自然能力过程中形成的产物。产业与人类的生产、生存和生活息息相关，并推动着人类社会和人类文明向前发展。人类文明的进步和发展与产业的发展相生相伴、相互促进。由古至今，人类经历了采猎业、农业和工业三个产业发展阶段，与之相对应的，人类文明经历了原始采猎文明、五千多年的农业文明和三百多年的工业文明，随着产业的不断发展，人类的生活也随之丰富，人类社会正向生态文明时代迈进。但在产业快速发展的背后，尤其在近代工业化发展过程中，伴随的是资源的过度开发、自然生态环境负荷的不断加剧，以及产业废弃物的大量排放引起的土地退化、水污染、空气污染和全球变暖等具有世界规模性的环境问题，其根源在于产业生态系统与自然生态系统之间的不协调。因此，生态文明建设需要以产业结构和谐为基础，以构建生态产业结构体系为核心。

　　本书主要从产业发展和产业结构体系构建与优化视角来研究促进生态文明建设问题。本书研究内容涉及人类文明发展与产业结构演进的关系、生态文明建设内容及其产业结构体系构建、生态文明建设的产业布局与结构优化，以及生态文明建设的产业结构的系统论分析，此外，本书对中新生态城（又称中新天津生态城）生态文明建设的产业结构系统进行系统动力学仿真研究，并提出促进中新生态城生态文明建设的产业结构体系构建的对策和建议。本书研究成果主要包括如下方面。

1. 人类文明发展与产业结构演进的关系研究

人类文明的发展与进步是以产业的发展和产业结构的不断演进为基础的。人们的物质和精神等方面的需求要由产业实践所生产的产品和提供的服务来满足，新兴产业的发展能够强国富民，高新技术产业的壮大能够促进国家和区域的跨越式发展，生态产业的普及能够有效维持人与自然和谐共生、全面协调可持续发展，产业革命能够极大地推动人类文明的进步。因此，本书首先对人类文明发展与产业结构演进的关系进行研究，为后续研究工作的开展打下基础。通过梳理已有研究成果发现：有关人类文明进步和发展与人类产业发展和产业结构演进的相互关系方面的系统分析和研究成果极少。人们主要是从科学、技术、工程、文化及政治制度等方面研究人类文明的发展。在党的十七大首次把"生态文明"写入中国共产党全国代表大会（以下简称党代会）报告后，生态文明建设的相关研究便引起了人们的广泛关注，也使人们认识到产业文明和构建科学的产业结构体系对促进生态文明建设的重要性。

本书通过对人类文明发展史、人们对文明系统的构成要素认识的深化过程，以及人类社会产业结构的演进史的研究指出：生态文明既是一种高于工业文明的新的文明形态，也是人类文明体系构成的重要组成部分和基本要素。而产业是支撑和推动人类文明发展和进步的基础和直接力量。产业的发展史也是人类生产力的发展史，一个国家和地区的产业结构水平高低代表其文明的发展程度。因此，生态文明建设的核心是建立与之相适应并能促进其发展的产业结构体系。这种产业结构体系既要反映先进生产力要素，又要反映时代的需求，同时其相应的产业活动要能维持和促进人与自然的和谐。

2. 生态文明建设内容及其产业结构体系构建研究

生态文明的内涵极为丰富。生态文明建设涉及人类社会的各个方面，包括经济、政治、文化、制度、科技，以及人们的生产、生活和消费等各个领域和层面。本书主要从产业视角研究生态文明建设问题。实际上，生态文明建设的核心内容应该是构建与之相适应的产业结构体系。18世纪英国开启了人类工业文明时代，工业文明的产业结构体系的建立和发展，极大地促进了人类文明的发展，但支撑工业文明发展的产业结构体系主要是以消耗不可再生的矿物资源得以建立的，其产业模式是"资源—产品—废弃物"直线式非循环方式，工业文明的产业结构特点是充分满足人类的物质需求、以人类征服自然为主要特征。时至今日，工业文明的产业活动所造成的一系列全球性生态危机使地球难以支持工业文明的继续发展，因此需要开创一个新的文明形态来延续人类的生存和发展，这就是生态文明。与世界工业文明发展历程相比，中国经过三十多年的改革开放，已快速从一个以农业文明为主的社会发展成为新兴的工业文明社会，其产业结构也发生了翻天覆地的变化。但在从农业文明社会向工业文明社会转变的产业发展过程中，中国同样付出了巨大的资源和环境代价，已经影响和威胁到社会的可持续协调发展。因此，中国从国家战略层面上提出"生态文明建设"和构建与之相适应的产业结构体系，说明中国已经把握了人类文明开始从工业文明向生态文明转变的重要契机。而如何充分利用当下科技、文化和制度体系等方面的成果，在中国工业文明快速发展的基础上，构建促进生态文明建设的产业结构体系，是中国抢占生态文明发展制高点和先机、实现民族复兴和开启生态文明时代的重要历史机遇。

本书研究生态文明建设与其产业结构体系构建的基本关系。研究指出：促进生态文明建设的产业结构体系的构建是以经济-社会-环境的全面协调可持续发展为目标，以人类生态学、产业生态学、生态哲学、生态伦理学、生态经济学、生态现代化理论及系统科学理论为依据，以科学发展观和循环经济思想为指导，最终形成"资源—产品—废弃物—再生资源—再生产品"的节约资源能源和保护生态环境的反馈式循环产业发展模式。促进生态文明建设的产业结构具有人与自然协调发展、产业生态化与生态产业化和多目标性的特征。在研究过程中，利用产业生态学、产业经济学理论和系统科学方法，根据生态文明的和谐、高效、持续与整体性原则，对生态文明建设的产业结构体系的设计内容和流程进行系统分析，构建促进生态文明建设的产业结构体系总体架构图。

3. 生态文明建设的产业布局与结构优化研究

生产力是推动人类文明进步、社会发展和经济繁荣的根本动力，而产业是人类基于生产力水平，利用各种资源能源，通过时空的合理布局，生产各种产品和提供各种服务以满足人类生存、生产、生活和发展需求的社会实践活动过程。这说明产业活动是维系人类生存与发展、促进人类文明进步的物质财富创造过程，它在一定地域上，以生产社会化形式进行，使各个不同地域形成包括产业结构和产业布局空间结构演变在内的特定的产业经济现象，展现出不同区域产业布局和产业结构的独特性和差异性。同时，生产力的进步将促进产业结构的发展，而产业结构的发展将直接导致社会的生产方式，以及人们的行为方式、思维方式、生活方式和价值观的变革。产业活动是推动人类文明进步和发展的直接动力，生态文明也是一种不断向前发展的文明形态和内容不断丰富的文明要素。因此，在明确生态文明建设的产业结构体系架构基础上，需要进一步落实生态文明建设的产业布局与产业结构优化问题，使生态文明建设的产业结构能最终形成，并使这种产业结构的演进与生态文明的发展需求相适应。

根据产业经济学理论，产业布局和产业结构优化是产业结构研究的重要内容，本书利用产业布局理论，针对生态文明建设的产业结构特点，在对产业布局影响因素进行分析的基础上，明确了生态文明建设的产业布局内涵，提出生态文明建设的产业布局应该遵循经济、环境、社会协调发展原则，以及空间均衡原则、市场效率原则、产业共生原则、突出优势与劣势互补发展相结合原则和集约化发展原则，同时提出生态文明建设的产业布局地域层次模型，并对生态文明建设的产业布局模式进行总结分析。在生态文明建设的产业结构优化研究方面，明确了产业结构优化的内容、目标、约束条件和评价原则，并基于"压力–状态–响应"（pressure-state-response，PSR）模型构建生态文明建设的产业结构系统优化的指标评价体系。该指标评价体系反映产业、社会与环境之间的协调共生状态，具有系统性和多层次性的特点。

4. 中新生态城生态文明建设的生态产业结构系统分析研究

产业是承载人类文明的物质基础，生态产业是生态文明的物质基础，生态文明建设的核心是建立符合生态文明要求的生态产业文明体系，而生态城市建设是生态产业文明的重要载体。中新生态城建设项目是在国内外高度关注"生态文明"的背景下，由中国和新加坡两国政府主导，建成一个人与人和谐共存、人与产业活动和谐共存、人与环境和谐共存，能复制、能实行、能推广的生态城市（eco-city），是一个生态文明建设的实验和示范项目，在产业结构和产业布局、环境政策、废弃物循环利用及体制机制等方面借鉴先进的管理经验和创新理念。中新生态城提出了"一带三园四心"产业空间布局规划。构建以高新技术、清洁生产、循环经济为主导的生态型产业结构体系，发展以可再生能源、清洁燃料汽车、新材料技术等新能源产业为龙头的节能环保产业；以绿色金融、文化创意、服务外包、教育培训、生态旅游等为主体的现代服务业。动漫园重点发展文化动漫创意产业；科技园主要发展科技研发、现代服务业等智力密集型产业；产业园则重点发展以清洁生产、新能源、新材料为主的高端制造业。

中新生态城项目成功与否的关键在于如何构建符合生态文明建设理念的生态产业结构体系。中新生态城正处于规划建设起步阶段。本书根据其总体规划方案、产业结构要求、产业空间布局规划及社会经济发展状况，结合生态文明建设的产业结构理论，利用系统动力学（system dynamics，SD）理论构建生态文明建设的生态产业结构系统动力学模型，并对中新生态城生态产业结构演进进行情景分析，提出促进中新生态城生态文明建设的产业结构政策。本书研究指出：中新生态城建设的成功将对我国生态文明建设的产业结构体系构建和产业发展具有重要意义。

目　　录

第一章 绪 论

回顾和反思西方三百多年的工业文明发展进程和城市化建设历程，以及我国改革开放三十多年高速追赶的工业化、现代化和城市化转型过程，人们充分认识到产业尤其是工业的快速发展能够满足人们不断增长的物质需求、改善生活居住条件、增强国家经济实力、促进社会文明进步，但在产业发展过程中所产生的种种环境和社会问题已严重制约人类社会文明的可持续发展。在此背景下，研究和探讨以生态意识强、生态产业发达和生态环境良好为目标和基本内容的生态文明建设问题的重要性、紧迫性和必要性便成为人们广泛关注的课题。而该课题的解决首先需要系统研究促进生态文明建设的生态产业结构体系的构建，以及承载生态产业和人类生活的重要载体——生态城市建设的理论和实践问题。

第一节 研究背景与研究意义

2007 年 10 月，胡锦涛同志在中国共产党的十七大报告中明确提出："建设生态文明，基本形成节约能源资源和保护生态环境的产业结构、增长方式、消费模式。"第一次把"生态文明"写入党代会报告中，并明确建设生态文明的重要内容是形成合理的产业结构，说明产业结构优化、升级和调整及经济增长方式的转变是生态文明建设的基本要求，而推动由工业文明的产业结构向生态文明的产业结构转变是人类生态文明建设的必然选择。党的十八大报告进一步把生态文明建设提升为中国特色社会主义建设的战略重点，将生态文明建设与经济建设、政治建设、文化建设和社会建设并列，构成中国特色社会主义事业发展建设的"五位一体"总体布局。党的十八大报告提出，"我们一定要更加自觉地珍爱自然，更加积极地保护生态，努力走向社会主义生态文明新时代"，"要实施重大生态修复工程，增强生态产品生产能力，推进荒漠化、石漠化、水土流失综合治理"。显然，走向生态文明的新时代，增强生态产品的生产能力，必须有相应的生态产业结构体系作为支撑，生态文明时代的产业水平是生态文明发展建设的基本标志。

生态文明的提出是对不可持续的传统工业文明发展模式深刻反思的成果，是与信息化时代产业发展和生态化社会建设要求相适应的必然结果和选择。生态文明作为一种新的文明形态，是人类文明发展过程中的一个新阶段，也是人类文明系统中的新要素。众所周知，文明是指人类在产业实践中，认识、改造客观世界和社会环境，以及自我改造、提升过程中所获得的物质、精神和制度的所有成果，也是人类社会进步和开化状态的基本标志。生态文明是人类遵循人与自然和谐发展的基本规律，在促进社会、经济和文化发展过程中所取得的物质、精神和制度成果的总和，其核心是人与自然、人与人和谐共生、全面协调可持续发展。产业是人类在发展过程中进行社会分工的产物，并随着社会分工的深化和生产力的不断发展而演进，它是人类为维持自身生存和发展所进行的物质和精神财富生产的组织形式。产业反映人与自然关系的深度和性质，产业的发展是人类文明演进的基础。程汉忠在《国富密码》一书中指出：人类文明的进步是由社会需求催生的时代产业来支撑的，文明的先进性在于承载该文明的先进产业，这些产业的发展规模和质量是人类文明程度的标志[1]。而产业结构水平的高低则代表着人类文明的发展水平。

　　回顾人类文明进步和产业发展历程，可以发现产业是人类为满足自身不断增长的物质和精神文化生活需要，而不断提升自身改造和利用自然能力过程中形成的产物。产业与人类的生活、生产、生存及繁衍息息相关、密不可分，产业的发展推动着人类社会和人类文明不断向前迈进。人类文明的进步和发展与产业的发展相生相伴、相互促进。产业与人类社会进步、人类文明演进相伴已经历了一个漫长的历程。人类至今经历了以采猎业为主、以农业为主和以工业为主的三个产业发展阶段，与之相对应的，人类文明经历了漫长的原始采猎文明、五千多年的农业文明和三百多年的工业文明，伴随着人类产业的不断发展和演进，各种物质和精神财富不断增加和丰富，人类生活水平和自身素质在不断改善和提高，人类文明在不断提升和进步，人类社会正从后工业时代向生态文明时代迈进。但从人类文明发展史和产业发展史中也可以看到，人类文明的变革是由社会分工衍生的产业变革引起的，各类产业的发展在满足人类需求和发展的同时也引起和造成了种种的负面效应。以"化石能源"大量消耗、"温室气体"大量排放为特点的传统产业发展方式，不断影响和威胁着人类的生存和发展，尤其在近百年工业迅猛发展的时期，人类生产力水平快速增强，社会分工不断细化，人们的需求日益提高，各种产业的兴盛与衰落、繁衍或壮大，形成了复杂庞大的产业结构体系。但产业结构的不协调、产业规模的不合理、产业布局的不科学，以及产业技术的不完善等造成了资源的过度开发、自然生态环境负荷的不断加剧和产业废弃物的大量排放等，引起土地退化、水污染、空气质量下降、森林和草原破坏、荒漠化、气候变暖、资源枯竭和环境容量饱和等问题，严重影响了人类社会的可持续发展和人类赖以生存的自然生态环境。因此，生态文明的提出是人类文明发展积淀的必然结果，是继承和保留已有文明的优秀成果，克服已有文明自身的缺陷和不足，适应新的生产力发展水平，满足人类新的发展需求，实现人与人以及人与自然和谐的必然选择。而生态文明建设的核心是建立与之相适应的生态产业结构体系并维持产业结构演进的和谐，同时需要加强承载生态文明建设的产业和谐发展的重要载体——生态城市的建设，这正是本书研究的基本背景和意义所在。

一、研究背景

人类社会进入工业文明时代以来，主要以追求利润最大化为目标，以高投入、高消耗和高排放为生产方式，消耗了大量不可再生资源、破坏了自然生态环境，引起了一系列生态危机。在这个背景下，生态文明建设及选择与之相适应的产业发展方式便成为实现人类社会可持续发展的必由之路。

生态文明是人类文明的一种形式，处于文明形态的高级阶段，是人类对传统发展方式特别是工业文明进行反思的成果，也体现人类活动作用于环境所秉持的原则。生态文明要求人类的产业行为和生活消费行为必须节省资源、减少污染和保护环境，实现人与自然的和谐发展。

产业演进是产业系统在发展过程中各产业间的结构、联系和比例关系动态变化的过程。产业系统的各个要素间通过各式各样的相互作用构成产业这个动态的、不断发展的系统，产业各个部门相互之间的联系、比例关系不尽相同，对资源的需求和利用方式不同，对经济增长的贡献不同，从生态文明视角出发，对环境的影响也不同。产业演进在纵向上表现为产业结构合理化、高度化和生态化，在横向上表现为产业创新与融合。生态文明视角下的产业演进主要涉及通过合理配置生产要素，协调各产业发展，最终实现人与自然和谐共存、相互促进。

二、研究意义

改革开放以来，我国的社会文明程度、产业发展水平、综合经济实力等均发生了翻天覆地的变化，用三十多年时间走过了发达国家上百年的工业化历程，创造了巨大的物质财富，建成了比较完备的产业结构体系，已经成为一个名副其实的制造业大国，基本完成了从农业文明时代向工业文明时代转变的过程。这种快速的转变得益于生产要素市场化发展、生产力水平的不断提高、生产关系的不断协调，有力地激发了产业的发展活动，使产业分工、产业规模、产业实力等得到了前所未有的极大发展，社会财富得到了极大丰富，人民生活水平得到了极大改善，社会文明程度得到了极大提高。但是这种高速的发展和快速的转变几乎也是以产业废弃物的大量排放、不可再生资源的大量消耗、环境质量的急剧下降和生态危机的不断加剧为代价的。任仲平在《生态文明的中国觉醒》一文中，从环境压力、资源瓶颈和消耗排放三个方面描述了我国当前所处的形势①。

环境压力方面——水土流失面积和土地沙化面积分别占中国国土总面积的37%和18%，有90%的草原在不同程度地退化，上千万公顷耕地受到不同程度的污染，近2亿人的饮用水有害有毒物质含量超标。

资源瓶颈方面——国土资源部在《中国矿产资源报告（2013）》中披露，2012年我国石油进口3.11亿吨。

消耗排放方面——截至2013年10月底，我国机动车保有量达2.5亿辆，其中汽车保有量1.3亿辆，比10年前增长了13倍。2013~2014年，私家车数量以年均1 400多万辆的速度猛增，我国已连续多年成为世界机动车产销第一大国，已快步进入了"汽车社会"，汽车产业及其相关产业的发展对我国经济增长和社会发展起到了极大的推动作用，但汽车尾气排放成为我国大中城市空气污染的主要原因。2012年，我国煤炭消费量达36.8亿吨，占能源消费总量近七成，而且仍在以年均10%的速度增长，我国的煤炭消费量和二氧化碳（CO_2）排放量均列世界第一位。

而这种代价的付出和危机的产生归根结底是产业大发展的负外部性引起的，因此，不得不认真思考，在保持社会产业发展活力和增强产业发展动力的基础上，如何有效控制产业外部性效应影响。为此，必须构建新的生态产业结构体系，促进我国由工业文明向生态文明迈进。

近十几年来，我国产业高速发展所引起的各种资源和环境问题日益受到重视。胡锦涛同志在党的十六大报告中，将可持续发展和推动社会步入生态良好的文明发展道路作为我国全面建设小康社会的四大目标之一；十六届三中全会提出了"科学发展观"；党的十七大更是将"生态文明"写入报告，提出构建和谐社会，建设生态文明。党的十八大报告明确了促进生态文明建设的核心是必须建立与之相适应的生态产业结构体系。

传统的产业发展方式是一种线性的过程，"资源—生产—消费—排放"是其所遵循的固定模式，这种发展方式势必造成资源的过度消耗和对生态环境的不可逆的破坏，经过时间的积累威胁人类的生存。生态文明作为在工业文明基础上形成的一种新的文明形态和人类文明发展的新阶段，必然要求与之相适应的产业系统是一个生态化的系统。在这个系统中，摒弃传统的"消耗—排放"线性模式，转而将生产和消费环节产生的废弃物作为资源继续加以利用，在耗费最少物质和能量的前提下，维持产业系统和自然生态系统的和谐共生，从而实现人与人以及人与自然的和谐发展。

---

① 任仲平. 生态文明的中国觉醒. 人民日报，2013-07-23（01版）.

第二节　生态文明与产业结构

纵观人类文明发展史及我国社会主义建设理论发展历程，任何一种人类文明形态的形成和交替及文明要素的提出，都是与社会的分工、产业的演进及其引起的产业结构体系的变化息息相关、密不可分的。生态文明的提出是产业发展和产业结构不断演进提升的必然结果，生态文明建设必然要构建与之相适应的产业结构体系。

一、生态文明

生态文明的系统研究始于西方工业化国家，其先驱者曾提出运用自然生态法则来管理城市社会的设想，这是城市的生态文明。1962 年，卡逊出版了《寂静的春天》一书，这是近代生态文明思想发展的重要里程碑[2]。卡逊在《寂静的春天》一书中揭示了滥用杀虫剂对人类健康和自然环境造成的触目惊心的危害，促进了公众对环境问题的关注，各种环保组织纷纷成立，拉开了现代西方生态文明建设和环保运动的序幕。1972 年，在斯德哥尔摩召开的联合国人类环境会议上通过的著名的《人类环境宣言》指出："保护和改善人类环境已成为人类的一个迫切任务。"这是生态文明思想发展的又一里程碑。梅多斯与罗马俱乐部合作发表的研究报告《增长的极限》，运用系统动力学模型研究人类可持续发展问题，预言经济增长不可能无限持续下去，提出了"零增长"方案，从系统演化的视角分析世界问题，实现复杂系统动态的、定量的研究[3]。1987 年，世界环境与发展委员会在《我们共同的未来》报告中，正式提出了可持续发展的模式。1992 年，联合国环境与发展大会通过的《21 世纪议程》，更是高度凝结了当代人对可持续发展理论和生态文明的认识。2005 年，戴蒙德在《崩溃——社会如何选择成败兴亡》一书中，通过对人类社会几个著名文明遭遇崩溃实例的揭示，指出环境的破坏和恶化导致社会及其承载文明的衰败和崩溃，归根结底是由维持人类生存和发展需求的产业不合理发展造成的。人口数量的继续增加、生活物质需求和质量要求的不断提升、产业规模和技术水平的不断提高所引起的资源问题、环境问题和发展问题，最终导致自然生态系统的不堪重负。书中同时指出，环保问题不是科技问题而是政治问题，传统观念中"先发展致富，再治理污染"的道路注定要失败。

目前国内有关生态文明建设的研究主要涉及如下方面。

1. 生态文化建设

生态文化是先进文化的重要组成部分，是生态文明建设的核心与灵魂，生态文明是建立在生态文化基础上的一个目标，是在生态文化中形成的精华。

余谋昌从狭义和广义两方面给出了生态文化的定义，提出生态文化有三个层次，即制度文化、精神文化和物质文化[4]。郭芙蕊认为把生态问题放在文化背景下解决，是生态文化的最终目的；文化生态化可以解决科学文化与人文文化的分离导致的技术异化问题[5]。王如松和李峰认为生态文化是构建和谐社会的基础，是天人关系的文化，它可以分为四类，即体制文化、认知文化、物态文化和心态文化[6]。卢风从理念层面、制度层面和技术层面分别对生态进行了分析，认为生态文化必须要超越人类中心主义、经济主义、物质主义、个人主义、消费主义和科学主义，要限制市场的作用，实现技术的调适性转变[7]。

2. 生态环境建设

生态问题是人类的各种活动，尤其是产业活动长期作用于自然环境，对其造成的自然环境破坏、人类生存环境的损坏等负面影响，其实质上是环境问题。所谓生态就是生物的环境，是生物赖以生存的环境系统。人类作为生态系统的一个重要组成部分，不是生态系统的主宰者，由水环境、土地环境、大气环境、森林环境、草地环境、海洋环境、各种生物环境等子环境组成的复杂的自然生态大系统是人类赖以生存、发展的基础。但在人类文明发展的过程中，尤其在工业文明时代，自然生态环境遭受到严重的破坏，已威胁到人类的生存和可持续发展，因此，生态环境建设成为生态文明建设的重要内容。而良好的生态环境是人与社会持续发展的基础，也是生态文明建设的内在要求和立足点，自然生态是人类社会的生存之基，自然环境是人类社会的发展之本，只有创造良好的生态环境，才能促进经济社会的全面协调可持续发展。生态环境建设包括生态修复与改善、环境保护、景观建设等内容，其建设目标是实现人与生态环境的融合共生。

王如松认为生态环境是自然环境的一部分但又区别于自然环境，它是与特定主体相联系、具有相互作用关系的自然环境，保护、修复与创建是生态建设的三种重要手段[8]；刘晓丹和孙英兰认为生态环境以特定生物体为中心，是多元复合生态系统各要素和生态关系的总和，强调生态系统的连续性、整体性、稳定性与协同进化性[9]；史永亮等尝试以景观格局整体优化的方式实现生态环境保育，协调自然生态系统与城镇人工生态系统两者之间的关系，提高地域生态系统稳定性，保障城镇生态系统服务功能正常发挥[10]；黄宝荣等通过灰色关联法构建综合生态环境可持续性指数（composite eco-environmental sustainability index，CEI），对中国省级行政区生态环境进行了可持续性的评价研究[11]；黄宝荣等基于 SOPAC 和UNEP 建立了环境脆弱性评价方法，并对海南省生态环境的脆弱性进行了评价[12]。

3. 生态城市建设

生态文明建设与生态城市建设有密切关系，城市是人类文明和产业发展的重要载体，在城市化进程加快的今天，生态城市建设是生态文明建设重要的空间载体。目前，生态城市建设已成为我国生态文明建设的重要内容，实际上，生态文明建设是生产力发展的必然要求和结果，而生态城市建设是人类城市化进程的必由之路。自从生态文明建设战略提出之后，许多城市开始了生态城市的探索、规划和建设工作。生态城市的概念最早始于联合国教育、科学及文化组织（简称联合国教科文组织）1971 年发起的"人与生物圈计划"（the man and the biosphere programme，MAB），它是按生态学原理建立的一种经济、社会和自然三者协调发展，物质、能量和信息高效利用，生态良性循环的人类聚居地，这充分体现了生态文明的本质要求。

国内外学者对生态城市建设的研究内涵在不断地深化，外延在不断地扩展。对于生态城市建设的原则，从 Register 提出的生态城市建设四原则到王如松提出的人类生态学的满意原则、经济生态学的高效原则、自然生态学的和谐原则再到 MAB 提出的更加完整的生态城市建设十项原则，其建设原则体系在不断地丰富化、完整化和科学化。吴琼等构建了扬州生态城市评价指标体系，包括社会、经济、自然三个子系统的状态、动力和实力三个方面的评价内容，并采用全排列多边形图示指标法进行指标的综合评价[13]；刘文仲阐述了生态文化在生态城市建设中的重要作用与地位，认为生态文化是生态城市建设的先导、推动力、理论支持与内在之魂[14]；仇保兴对我国城市发展模式的转型趋势进行了研究，认为我国应该发展低碳型生态城，建立低碳型生态城市是社会发展和生态文明建设的必然要求[15]。

4. 生态产业建设

生态产业是生态文明建设的物质基础，是构筑和谐社会的基本保障，发展生态产业是建设生态文明、推动循环经济和低碳经济发展的主要途径。

王如松和欧阳志云对产业复合生态系统的内涵、组成、动力机制及控制原理进行深入的研究，并提出了生态产业的设计原则[16]；杨建新和王如松指出生态产业是通过两个或两个以上的生产体系或生产环节之间的耦合，使物质、能量多级利用、高效产出，以及资源、环境系统开发、持续利用[17]；刘宗超等基于我国西部开发的特点与优势，对我国西部生态文明建设和发展的生态产业理论进行研究，并提出了建设和发展途径[18]；董丽晶分析了全球环境变化背景下的产业转型问题，提出了产业转型的研究框架[19]；李文东提出以循环经济为理论指导，转变区域内经济发展模式，强调发挥区域优势，建立生态产业体系[20]。

申曙光和徐立幼通过对工业文明时代的产业演化过程分析，对生态文明时代的产业结构进行了展望，并对不同发展阶段国家的生态文明建设的生态产业系统进行了研究[21]。张仁玲从自然价值论角度说明世界的价值主体不仅仅是人类，更要包含其他的生物及整个自然，要求人类的产业结构和消费结构系统运行要严格遵循自然法则，必须维持自然生态系统的和谐，从而说明了生态产业建设的必要性[22]。张晓第从我国现在所处的重工业化阶段，以及资源环境和生态安全的角度，论证生态产业建设的必然性，并指出生态产业建设是生态文明建设的必要条件[23]。彭慧芳从自然观、自然界内在价值观、技术观、消费观和可持续发展观的角度，论述了生态文明对工业文明的批判地继承，指出了生态产业建设是促进生态文明建设和构建人与人、人与社会，以及人与自然和谐关系的基础[24]。

目前，有关生态文明建设的研究主要关注生态文明建设的相关概念、生态文明内涵等。虽然有些学者提出建设生态文明应该改变经济模式、促进产业结构的升级，并给出促进生态文明建设的产业结构的内涵，但是并没有对其产业结构的整体架构及设计方法进行研究，没有明确地提出生态文明建设的产业结构优化的内涵，同时对于生态文明建设的产业结构研究多停留在观念或理念的定性分析层面，对有关生态文明建设与产业结构的关系缺乏深入的研究分析。

二、产业结构

有关产业结构的相关研究现已有大量研究成果。从宏观层面来说，英国经济学家 Clark 提出了三次产业结构分类法[25]；德国经济学家霍夫曼依据霍夫曼系数把工业化划分为四个阶段[26]；美国经济学家里昂惕夫提出投入产出分析法，为产业结构提出了定量分析的标准方法[27]。而与生态文明建设相适应的产业结构系统演化方面的研究主要涉及产业结构优化和产业结构生态化两方面。

1. 产业结构优化

产业结构优化包括产业结构合理化和产业结构高度化。产业结构合理化主要衡量产业部门之间的关联水平，包括供给与需求的协调，合理的产业结构才能够实现整个产业快速可持续的发展。产业结构高度化是指产业结构水平不断提高的过程，在这个过程中，劳动力素质、科技水平、生产方式和主导产业都不断提升，在环境上表现为资源的利用方式和生产效率的提高。

宋国宇和刘文宗从经济学角度评价产业系统中资源的转化效率，以此构建产业结构的测度和评价指标，为产业结构优化提供参考[28]。汪传旭和刘大镕利用投入产出法计算经济各部门的效益，包括直接效益与前向和后向的间接效益，并以此为依据提供投资顺序建议，以实现产业结构的优化[29]。李博和胡进以大道定理来定义最优经济增长路径，用静态投入产出法测度产业结构的优化程度，运用实证的方法分析产业结构和经济增长的关系并给出了政策建议[30]。方湖柳通过分析各学者对产业结构合理化标准的定义，提炼出产业结构合理化的内在本质，从系统学角度分析了产业结构的要素和动力，揭示出要素间非线性作用协同本质，指出了产业结构的自组织特性[31]。产业结构优化的本质体现在其结构的自组织能力。岳映平和徐海燕通过内在和外在的两重标准来衡量产业结构合理化程度，包括内在的供给、需求、投资和自组织程度，以及外在的可持续增长标准，产业结构的合理化最终来源于系统内在和外在的互相促进[32]。薛白指出产业结构是经济增长在产业层面的体现，在微观上表现为要素贡献率的区别，在宏观上通过产业结构的高级化程度，划分经济增长的粗放、转变和集约阶段，从两个角度构建产业结构优化和经济发展的判别体系[33]。

2. 产业结构生态化

赵林飞研究了产业生态化的内涵，以及清洁生产和循环经济在微观、中观和宏观各个层面的实施，建立了评价体系，并对长江三角洲地区生态化水平进行了实证研究，最终提出了政策建议[34]。朱红伟从马克思关于人与自然关系的本质出发，从物质变化的角度分析产业生态化的本质，指出了产业生态化的目标在于实现由产业代谢开放性向自然代谢封闭性的转变，最终分析了该理论面临的问题和挑战[35]。李慧明等运用物质经济代谢分析法，比较自然系统和产业系统的演化性质以及物质能量利用方式的区别，以产业经济和自然环境在时间和空间上的协调发展为目标，研究产业生态化的实施路径选择[36]。鲁雁研究分析了产业生态化的内在动因，指出了产业生态化本质，即废弃物等"外部效应"需通过特定的产业技术水平和政策调控来实现产业链中的"内部化"，从线性的生产方式形成闭合的产业链[37]。

第三节 研 究 思 路

本书研究按如下逻辑思路展开。第一，对生态文明和生态文明建设提出的背景、人类文明与产业发展的关系进行分析，指出产业发展是人类文明进步的物质基础，社会需求和社会分工所催生的时代产业发展是推动人类文明进步和演进的原动力，产业的发展规模和质量是人类文明程度的基本标志，而产业结构水平和层次的高低代表着人类文明的发展水平，人类的每一种文明形态都是与其核心（主导）产业和产业结构相适应的。因此，生态文明是一种以生态产业为特征的文明形态，促进生态文明建设的关键是形成与之相应的生态产业结构体系，而生态城市是生态文明和生态产业的重要载体，由此引出了本书的研究对象。第二，对生态文明与产业结构、生态文明建设与生态产业发展之间关系的相关研究成果进行综述。第三，根据系统科学理论，分别从基本概念的界定、系统要素结构、系统结构关系、系统演进机制和演进趋势等方面对生态文明系统和产业结构系统进行研究，在此基础上，研究生态文明建设的产业结构特点、产业演进的动力机制等问题。第四，研究生态文明建设的产业结构体系架构、产业布局、产业结构优化，以及基于 PSR 概念框架的产业结构优化系统评价指标体系。第五，基于生态文明系统与生态产业结构系统之间的关系，利用系统动学理论与方法，从产业结构系统的广义视角，通过对产业系统要素之间的关系分析，构建生态产业结构系统因果关系图、各子系统的系统流图，建立生态文明建设的生态产业结构系统动力学模型，进而可以利用 Vensim 软件对生态产业结构系统进行系统动力学仿真分析。第六，在分析中新生态城建设情况、总体规划、生态产业发展规划及定位的基础上，对中新生态城生态产业结构系统进行系统动力学仿真，分析生态产业结构系统演进的不同情景，明确生态产业结构演进的路径和方向，提出生态产业发展创新机制，为中新生态城生态文明建设的生态产业结构体系构建和产业发展政策制定提供科学指导。第七，对本书研究结果和有待深入的问题进行总结。研究基本思路如图 1.1 所示。

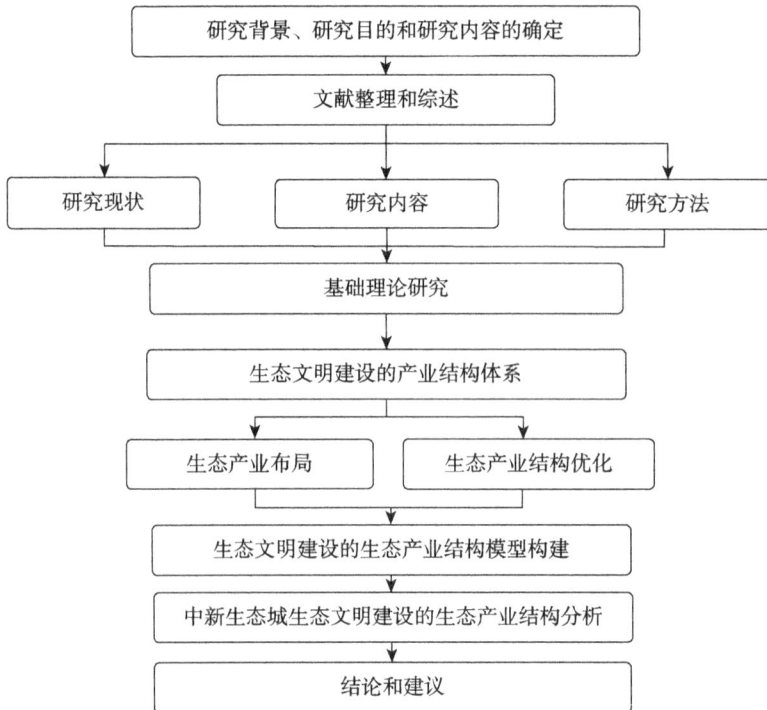

图 1.1 研究思路

第四节 研究内容与研究架构

一、研究内容

生态文明建设是全面落实科学发展观、全面建设小康社会的重要途径。生态产业文明是生态文明建设的物质基础，构建"物质循环、资源节约与环境保护的产业结构"是实现社会主义和谐社会目标的主要方面。本书重点对生态文明建设的产业结构展开研究，主要内容如下。

（1）对生态文明建设与产业结构的关系进行比较完整的分析。生态文明理念指导产业结构向协调化、高效化、系统化与软化方向发展，进而形成产业布局集约化、关联化，生产方式循环化、节约化，消费模式健康化、绿色化，营销模式服务化的生态产业结构模式，进一步促进生态文明建设。

（2）提出生态文明建设的产业结构内涵，即以经济-社会-环境的全面、高效、协调、可持续发展为目标，以产业生态学为理论依据，以科学发展观和循环经济思想为指导，从根本上解决"高消耗、高污染、高排放、难循环、低效率"的生产方式，构建节约资源能源和保护生态环境的产业结构。在此基础上应用系统生态学原理建立以生态农业、生态工业、生态服务业和环保产业为基本要素的生态文明建设的产业结构体系架构。

（3）阐述生态文明建设的产业布局的内涵和原则，对生态产业布局的地域层次进行分析，提出生态文明建设的产业布局模式。

（4）提出生态文明建设的产业结构优化的内涵，优化的方向是协调化和生态化，目标是提高产业结构的自组织能力与可持续能力。基于PSR模型构建生态文明建设的产业结构优化系统评价指标体系。

（5）应用系统动力学方法对生态产业结构进行量化分析，充分考虑产业系统与资源环境产业之间的相互影响关系，建立"资源-产业-环境"耦合的系统动力学模型，并以中新生态城建设为例，进行实证研究。

二、研究架构

本书基于生态文明理论、产业结构理论及复杂系统理论，对生态文明建设与产业结构的关系进行分析，提出生态文明建设的产业结构体系，对生态文明建设的产业布局、产业结构优化进行分析，并提出系统评价指标体系，以中新生态城的建设为例，进行实证分析，为生态文明建设和生态城市规划建设提供理论依据。本书研究的基本架构如图1.2所示。

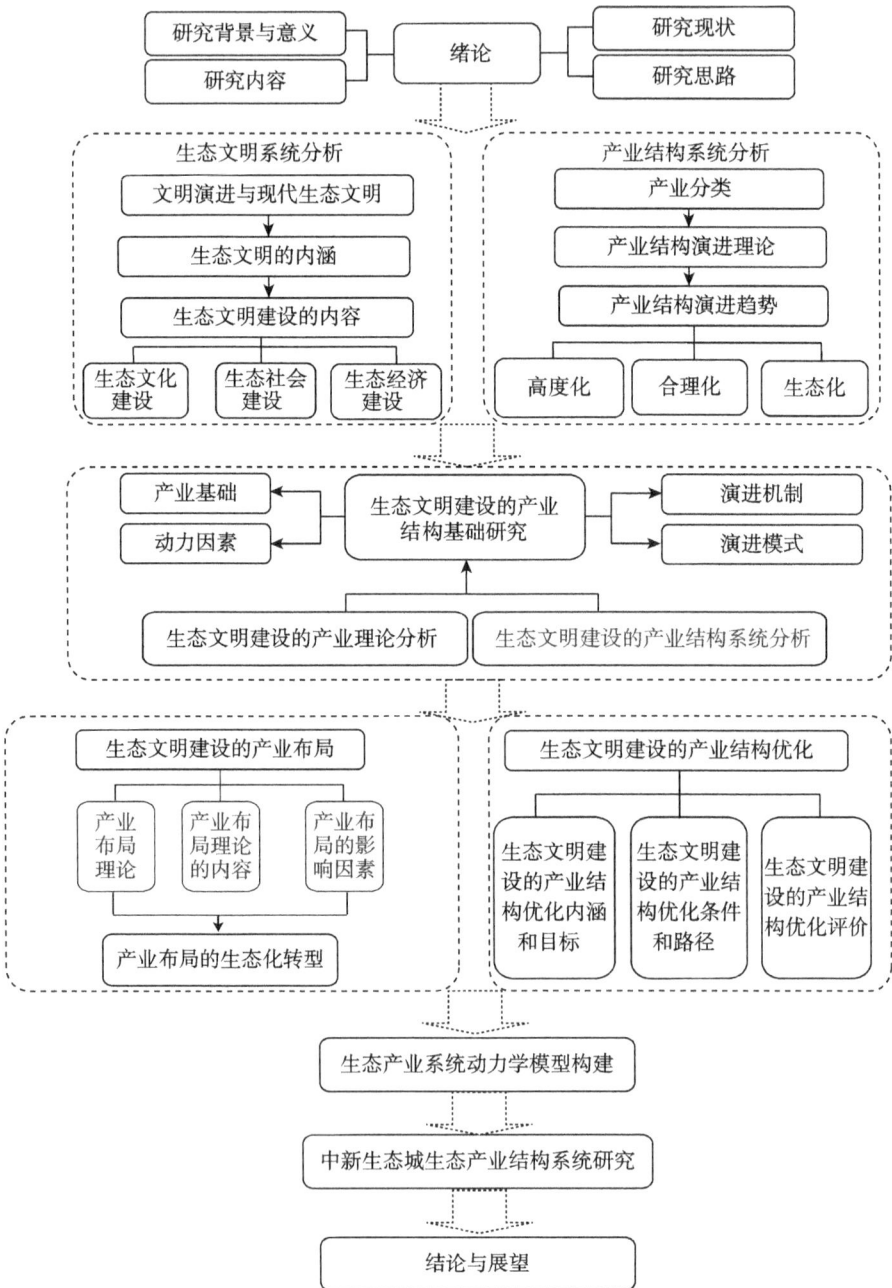

图 1.2 研究架构

在生态文明建设成为社会发展必然的背景下，本书主要对生态文明建设及产业结构研究的现状进行分析。在此基础上，界定本书的主要研究思路、方法和内容。

生态文明系统分析。对生态文明进行系统分析,首先对生态文明的概念和边界进行界定,并从国内外不同角度分析生态文明的思想演进;然后对生态文明的要素结构和产业结构进行系统分析,并从合理性、系统性和协调性方面论述两者的关系。

产业结构系统分析。从产业和产业结构的相关理论出发,在对产业的含义、特征及系统要素分析的基础上,探讨产业的系统要素和产业结构的演进趋势,产业结构不断向高度化、生态化及合理化方向发展,将有利于生态文明社会的建设和发展。

生态文明建设的产业理论分析。分析人类文明演进过程各阶段的产业结构特点、演化规律及产业发展的促进作用,进而研究生态文明的产业结构特点和生态文明的产业基础——生态产业,在此基础上,从产业演进动力因素、演进机制和演进模式方面阐述产业演进的动力机制。

生态文明建设的产业结构系统分析。通过对促进生态文明建设的产业结构特征进行分析,本着生态文明建设的产业结构应满足和谐、高效、持续与整体性的原则,对生态文明建设的产业结构模式的设计内容和流程进行系统分析,构建促进生态文明建设的产业结构体系及其体系架构图。

生态文明建设的产业布局。首先对产业布局理论的发展、产业布局理论的内容、产业布局的影响因素进行分析;然后对生态文明建设的产业布局的内涵、地域层次进行系统分析,并提出产业布局的生态化转型。

生态文明建设的产业结构优化。提出生态文明建设的产业结构优化内涵和目标、优化条件和路径。基于 PSR 模型构建生态文明建设的产业结构优化系统评价指标体系。

生态产业系统动力学模型构建。主要是对生态文明建设的产业结构进行量化分析,利用系统动力学建模法进行系统建模。

中新生态城生态产业结构系统研究。在分析中新生态城总体概况的基础上,对中新生态城的产业结构系统和产业布局进行研究,并进行生态产业结构系统的系统动力学仿真分析,以构建生态产业发展创新机制体系和方法。

第二章 生态文明与产业结构研究成果分析

本章主要针对生态文明和产业结构的相关理论研究成果进行综述。首先，总结国内外学者关于生态文明方面的相关研究工作；然后，对产业和产业结构演进的相关研究进行综述；最后，对文明与产业两者之间的关系进行分析，指出两者之间的联系，并对相关研究进行评述，为后续研究打下基础。

第一节 生态文明研究综述

随着工业文明进程的不断推进，一方面，人类认识和改造自然的能力得到了空前的提高，科技水平不断增强，产业发展带来的社会财富不断增加，人们对高质量生活的追求不断提升。另一方面，工业文明发展进程造成的环境污染及生态恶化对人类生存环境的威胁，使人们越来越清晰地认识到良好的自然生态环境是人类和一切生物赖以生存和发展的基础，由此更加重视人与自然生态系统关系的和谐，而不仅仅是无休止地征服和改造自然。生态文明的理念由此产生。

从词源意义来看，生态文明一词主要包含"生态"和"文明"两个方面，是指在工业进程后期，在已经取得一定发展的基础上对自然界的更进一步的认识，合理利用自然资源，努力改善人与自然的关系，积极构建良好的生态环境[38]。

从林骧华主编的《外国学术名著精华辞典》的内容可知，对于生态的研究最早可以追溯到19世纪中后期，德国学者海克尔首次提出了"生态学"的概念，他将其看做研究个体与环境整体相互结合、相互作用的一种学科[39]。周广胜和王玉辉在《全球生态学》一书中对英国学者坦斯利的贡献做出了描述，他在前人研究的基础上提出了"生态系统"的概念，从一个全新的、系统化的角度去认识人类生存的生态环境，为生态文明的研究提供了坚实的理论基础[40]。20世纪中期，全球范围内很多国家工业化进程加速，生态学、生态文明的研究被提上了重要的议程，生态文明研究的范畴逐渐扩大，衍生出很多与生态文明有关的分支学科，将人类纳入生态文明研究范畴之中，倡导只有人与自然和谐相处才能有利于社会、经济的持续发展。《寂静的春天》的出版标志着人类对保护自然环境、建设生态文明的探索达到了一个全新的高度。1972 年，联合国首次召开了以生态环境为主题的人类环境会议，这反映了世界各国对环境的重视，以及对建设生态文明的坚定信念[41]。1984 年，联合国成立了世界环境与发展委员会，1987 年，该委员会发表了《我们共同的未来》白皮书，该文件标志着人类建设生态文明有了重要的指导性纲要，这是人类在生态文明研究史上一次质的飞跃[42]。1992 年，在里约热内卢召开的联合国环境与发展大会制定了《21 世纪议程》，确立了可持续发展是工业进程、经济发展的最终模式，为生态文明建设提供了可靠的保障[43]。21 世纪初期，在约翰内斯堡召开的世界首脑可持续发展会议再次加深了人类对生态文明、可持续发展的认识，并确定了经济、社会、环境一体化协调发展进程[44]。

随着可持续发展观逐渐深入人心和人们对生态文明理念重视程度的不断加深，国内学者也开始关注中国生态恶化和环境污染带来的危害，从而进入生态文明领域探索生态环境产生的问题。通过对我国学者的研究内容及研究方向的分析可以看出，国内学者对生态文明的研究主要包括两个范畴（表 2.1）。

表 2.1　国内学者关于生态文明的研究

研究方向	基本观点	代表学者
生态文明的定义和内涵	1. 定义生态文明的核心内容是人与自然的和谐相处 2. 生态文明的研究范畴不仅仅是人与自然之间的关系，还涉及人与人之间的关系，将生态文明看做生态化进程中的社会文明，从社会环境以及生态运行机制的角度考察生态文明的概念 3. 从狭义和广义两个方面定义生态文明的含义，从初级与高级两大发展阶段定义生态文明表现形态 4. 将生态文明与政治文明、物质文明、精神文明三大文明有机结合起来，系统阐释生态文明 5. 将生态文明的研究范畴扩大到社会生产工作方式以及社会价值等方面	王如松、李文华 刘智峰、黄雪松 甘泉、沈国明 李惠斌、刘延春 万本太、燕乃玲
生态文明建设的路径和措施	1. 要卓有成效地建设生态文明，必须树立正确的生态文明观 2. 加深对生态文明建设重要性的认识，政府应该加大对生态文明建设的支持力度 3. 建设生态文明的途径之一是转变经济增长方式、发展循环经济、促进生态产业建设 4. 建设生态文明的措施之一是应用绿色 GDP 核算机制 5. 将建设生态文明层面上升到法制的健全、生态的治理等高度 6. 促进生态文明建设必须大力发展低碳经济 7. 生态文明建设是一个复杂的系统工程，涉及社会、经济、环境的各个方面和层面，需要全面、系统和深入开展	钱俊生 郭强 陈池波 张俊杰、宋真伯 刘宗超 刘湘溶

第二节　产业演进研究综述

通过对相关文献的整理归纳可以看出国外学者多是侧重从基础理论出发对产

业演进进行研究，这些理论从不同角度阐述了产业演进的原因与动力，分析总结了产业的总体演进趋势。

熊彼特将产业演进问题与经济演化有机结合，着重阐述了创新机制与产业演进的相互关系[45]。他提出创新机制与产业演进是相互作用、相互影响的，并且产业演进环境影响了创新机制的形成，创新机制的产生促进了产业的演进。通过对不同产业技术及不同区域产业演进数据进行比较分析，他认为地区产业存在的差异性将会导致创新机制与产业演进的相互作用普遍存在差异[46]。有的学者以创新和产业动态演进之间的关系为突破点对熊彼特的理论进行深入研究[47]。最终产业演进的特征被总结为：产业演进具有一定的环境背景，是个体与整体共同发展所产生的结果，同时也是异质性的个体通过互动生成的，在演进过程中将产生新技术的创新[48, 49]。马歇尔认为产业演进的完整性分析应该包括产业的产生、均衡和失衡等过程，即产业演化的生命周期[50]。Simon 对有限理性概念的研究影响了演化经济学者，导致演化经济学视角下的产业演进研究具有一定的片面性[51]。在该视角下对产业演进机制进行总结得出如下结论：产业演进的差异性主要来源于不同的地域差异，环境因素能够选择存活下来的产业，这些产业被保留、复制，这是一个静态的被选择的过程。然而产业由于差异性的存在而发生改变并继续保持演进状态的可能性是存在的[52]。从以上国内外学者对产业演进的研究中可以得出如下结论：创新是产业演进的重要动力；地域等因素是产业演进的基础；差异性、选择性会对产业演进具有重要影响。

随着我国经济高速发展，学者们在产业演进规律、影响因素、运行机理及战略选择等产业相关方面都展开了深入研究，主要分为以下三个研究方面（表2.2）。

表 2.2　国内学者关于产业演进的研究

研究方向	基本观点	代表学者
以中国经济发展进程为背景研究产业相关理论	揭示了符合中国特色经济的产业演进规律特征，以时间参数为尺度进行产业演进途径及演进趋势的分析[53~55]	盖翊中 常根发 黄莉莉、史占中
	以日、美制造业为案例进行实证分析，分析了竞合机制对产业演进的影响，提出了产业基于"核心-共生"的演进趋势[56]	孙天琦
从系统论的角度分析产业演进特征	通过引入随机变量建立产业演进数学模型，证实了价格优势在产业演进中的决定性地位，阐述了产业研发策略对企业在竞争中保持核心地位的重要性[57, 58]	刘世锦、江小涓崔志、王吉发、冯晋
	以技术创新机制为理论支撑，通过研究某产业链的动态变化过程来说明产业演进的周期性变化[59]	袁春晓

研究方向	基本观点	代表学者
从动态演进的角度分析	通过建立马尔科夫动态演化的产业模型来解释产业组织演进的核心思想。产业演进过程与政府制定的政策密切相关，政府应该根据不同产业的特点设置不同的进退壁垒，从政策上引导产业演进的科学合理性，同时制定引导性政策时应参考市场信号，在利益最大化的前提下，产业才会实现稳定可持续的演进[60]	杨蕙馨

综上，可以看出国外学者对产业构建演进进行了大量的理论研究，涉及产业结构理论形成的初期、形成阶段及产业结构演进理论的发展阶段。我国学者的研究主要基于中国特色社会主义经济体系进行产业结构演进实证研究，并形成了一系列卓有成效的研究成果。通过以上分析可以看出，产业结构演进是一种动态持续变化的、由低级向高级演进的过程，产业结构演进范畴不断扩大，并与生态环境、社会因素等有机结合，同时各产业内部会逐渐呈现出相似的演进态势。

第三节　文明与产业研究综述

实现产业演进的合理化、生态化、可持续是生态文明建设的必然选择，产业在发展的过程中要以生态化的原则和要求为目标。党的十七大报告首次明确提出把"建设生态文明，基本形成节约能源资源和保护生态环境的产业结构、增长方式、消费模式"作为全面实现建设小康社会的奋斗目标之一[61]。

生态文明建设是我国生态建设及产业演进所面临的一项长期而又艰巨的任务，是社会进步的必然选择。目前系统研究生态文明与产业结构演进关系的成果较少。

产业演进的生态化是社会经济可持续发展的必然要求。20 世纪 70 年代，国外学者为解决工业发展带来的生态危机，提出了可持续发展和产业生态化的理念。产业演进的生态化对文明的探索具有重要的价值，历史唯物主义认为每个时代的文明都是建立在其社会物质生产基础之上的，物质生产是产业演进的重要基础。产业演进的生态化具体的要求是依据产业生态学理论，建设资源节约型、环境友好型的产业体系，最终达到建设生态文明所需的资源、环境、社会效益的统一，实现产业发展持续化。

如何实现产业演进的生态化，这是很多学者一直在探究的问题。促进和实现产业演进的生态化是一项长期的、复杂的社会系统工程，必须要有一定的技术、完善的保障制度及相应的文化体系做支撑。

（1）科技创新带动产业演进的生态化。科学技术是第一生产力，是推动社前进的核心力量，是先进生产力的标志，同时也是推动产业演进生态文明化的根本动力。产业演进必须以作为第一生产力的科技生态化、现代化为基础[62]。

（2）制度创新推动产业演进的生态化。首先要实行循环经济和生态文明所需要的管理模式，达到"市场对资源配置的最优化、资源价格的合理化，促使原材料与成品之间形成合理的价格体系，积极引导企业降低生产成本、改进生产技术、减少资源消耗、增强企业核心竞争力"[63]。其次要完善产业演进的政策保障，政府制定相关的产业演进生态化政策机制，通过采取一些经济手段、法律手段甚至行政手段，全面推动产业演进的生态化发展。最后要健全产业演进的市场机制，政府应通过制度创新来指挥市场资源配置，使其最优化，并将环境保护与企业利润最大化有机结合起来。

（3）教育创新促进产业演进的生态化。要大力宣传生态文明的产业观念，从个人、家庭到企业层面都遵循符合生态文明的生活生产方式，尤其是健康的消费方式。要积极提升生态文明的产业演进能力，只有这样，才能持续稳定地推进产业生态化演进。

第四节　本　章　小　结

本章首先对国内外学者关于生态文明的相关研究内容进行归纳总结，指出了国内外学者在研究思路及研究范畴方面的相同点与不同点；其次对产业演进方面进行综述，从研究产业的理论基础、演进特征、应用价值等方面进行讨论，提出了产业演进与技术创新等存在多维度联系；最后将两者研究内容有机结合，找到切入点进行具体的研究分析，提出本书的研究切入点——生态文明与产业结构的关系。

第三章 生态文明系统分析

　　党的十八大报告指出："必须树立尊重自然、顺应自然、保护自然的生态文明理念。"实际上，生态文明是集和谐、协调、整体、开放、循环、可持续观等于一体的思想体系和发展理念，其源头可以追溯到人类文明和人类产业的诞生。随着人类文明的不断进步和产业的不断发展，生态文明的思想和理论系统内容越加丰富，尤其是随着可持续发展观、和谐发展观的深入人心，以及十七大报告中"建设生态文明"的明确提出，生态文明理念在人们的思想观念和实践行动中觉醒。目前有关生态文明的研究受到了广泛的关注和重视，不同研究者根据研究的需要对生态文明的相关理论进行了梳理、总结和探索。本书指出生态文明建设的关键在于构建与之相适应的生态产业结构体系。为此，本章利用系统分析的方法对生态文明的概念与边界进行界定，对生态文明思想的演进、生态文明的系统结构及要素关系等方面的理论问题进行分析研究。

第一节 生态文明概述

一、生态文明的概念界定

　　生态文明是由生态（ecology）和文明（civilization）两个概念构成的复合概念。生态的概念首先来自生物学，主要描述自然界中动物与植物、个体与群体、生物与环境之间的相互作用，后来被引入社会科学中，研究范围扩展到人类的社会和经济系统，也包括人类和自然的关系。1987年，我国著名生态学家叶谦吉首次从生态学和生态哲学角度对生态文明的概念进行了阐释，并明确提出了生态文明建设的概念[64]。1995年，美国作家、评论家罗伊·莫里森（Roy Morrison）出版的《生态民主》（*Ecological Democracy*）一书，首次使用了"ecological civilization"一词，在国际上为很多学者所接受，并迅速传播开来。而生态文明一词最有影响力的新出处是2007年中共十七大报告，该报告中提出了建设生态文明的要求。

1. 生态的含义

"生态"一词所涉及的含义是极为丰富和多样的，其内涵在近十年来不断扩展。1866 年，德国学者海克尔创造了生态学（ecologie）一词，并给出了定义：关于生物体与生物体之间以及生物体与其生存环境之间关系的科学（The science of the relationships between organisms and their environments）[65]。这里的生态是指以自然环境为核心内容，包括一切生物的生存状态，以及生物间与生物和环境间的相互关系。

近年来，"生态"一词的内涵不再局限于最初狭义的生态学中的基本概念和含义，而是扩展到人类社会中各个层面的领域，同时也被用于描述一切对生物体生存和发展有帮助的环境，是当前使用频率极高的词汇。一方面，作为名词的"生态"是指各种环境的总体以及环境内容各构成要素之间的关系；另一方面，作为形容词的"生态"涉及理想、安全、和谐、无污染、健康和舒适等含义。另外，生态也包含"节约的、环保的"含义，如现有大量文献把生态文明翻译为"ecological civilization"，十七大报告英文版中，生态文明翻译为"conservation culture"等。

随着人类社会的不断发展与进步，各种新的环境问题不断涌现，尤其是 20 世纪 70 年代以后，人口急速增长、资源急剧减少、环境与社会问题急剧增加，人们对生态的理解和认识也发生了巨大改变。生态从一般的学科概念逐步延展到社会、经济、环境及人文领域，形成了狭义和广义两个方面的解读。从狭义角度来说，生态是指自然界的生物与环境生存、演变等一系列过程；从广义角度来说，生态不仅包括自然环境，还包括人类社会的联系与演变，如阶级、产业、种族和文化。因此，生态涉及天、地、人及其物理、事理与情理关系，包括每一个人的生活、生存、生产的方式和意义。广义角度的生态是准确理解和把握生态文明的基础。

2. 文明的含义

文明一词在我国古代最早见于《尚书》和《周易》，泛指有了规矩，脱离了黑暗和社会中光明美好的事物。《辞源》对文明的定义包括"文采光明，文德辉耀"和"有文化的状态"两种解释[66]。

到了我国近代，在西方文明思想影响下，人们对文明的概念有了新的认识。康有为在《孔子改制考》中提出："三代文明，皆藉孔子发扬之，实在蒙昧也。"这里的"文明"是指人们摆脱蒙昧，而走向开化的社会状态。陈独秀在《法兰西与近世文明》一书中提出，"文明云者，异于蒙昧未开化者之称也"，同时他把"civilization"一词翻译为"文明、开化和教化"。五四运动时期的思想家胡适认为，"文明是一个民族应付他的环境的总成绩"，包括精神与物质两个方面[66]。

在西方，"civilization"一词源于拉丁文"civis"，是指城市的居民，区别于野蛮的生活状态，具有知识和审美等更高的价值要求。17世纪英国人类学家托马斯·霍布斯（Thomas Hobbes）在《利维坦》一书中最早提出了"文明社会"概念，即与战争状态相对立的和平状态。西方近代意义上的文明一词是1756年由法国人奥诺莱·加里布埃尔·米拉波（Honore-Gabriel Mirabeau）在其所著《人类之友》一书中提出的，他不仅提出了"文明的原动力"一说，还赋予了文明社会道德原则和形式。1871年，英国人类学家爱德华·布迈特·泰勒（Edward Burnett Tylor）在其名著《上古文化》（*Primitive Culture*）中用civilization来表述健全的社会与政治制度，此后，civilization便成为西方学界描述文明的基础概念，至今仍用它描述文明等概念。

有关文明含义的界定，中西方学者也给出了各种各样的观点。杨海蛟和王琦在《论文明与文化》一文中对中外有关文明含义界定比较有代表性的观点进行了总结[66]，如表3.1所示。

表3.1　中西方有关文明含义界定的基本观点

中国代表性文明观		西方代表性文明观	
积极成果说	1. 人类社会进步状态 2. 人类改造世界的物质和精神成果的总和，社会进步和人类开化的标志	进步状态说	1. 人类社会的一种进步状态 2. 人类发展过程中所取得的成果 3. 人类德智的进步
进步程度说	1. 人类在追求真、善、美过程中，克服人与自然、人与社会、人与自身间矛盾的努力中所达到的历史进度 2. 衡量社会发展或进步的综合尺度 3. 人类自身进化的内容和尺度	要素构成说	1. 由不同国家所构成的社会整体 2. 推动人类社会文化发展的重要力量 3. 囊括一切社会事务
价值体系说	一种生活方式及相应的价值体系，以及遵从同种观念的人类共同体	人类共同体一体说	1. 都市化的文化 2. 先进的文化 3. 包含广泛内容、放大了的文化单位

上述有关文明含义的各种观点，由于对文明的研究视角不同，或者受其他各种因素的影响，都只是从某一个方面或者几个方面对文明的含义进行了界定。

马克思和恩格斯运用辩证唯物主义和历史唯物主义理论，在批判吸收前人研究成果的基础上，对文明进行了系统的阐述，有力促进了人类文明研究的飞跃和发展。马克思认为，人类文明的本质应该归结为人的本质力量的对象化，文明具有实践性、历史性和发展性。马克思和恩格斯指出："人类的文明是从低级阶段向高级阶段发展的过程，每一种文明都是对它以前文明的继承和发展。"马克思主义的文明观对我国学者关于文明的研究具有深远的影响，有关文明的相关研究和定义在一定程度上体现了实践的、历史的和发展的唯物主义观点。

张国庆在《和谐发展：生态文明之路》一文中，根据马克思主义的人类历史发展观，通过分析人类社会在各历史时代和未来时代存在和将发生的主要矛盾，以及人类在解决这些矛盾过程中所产生的文明或文化，描绘了人类文明发展进程（图 3.1）[67]。

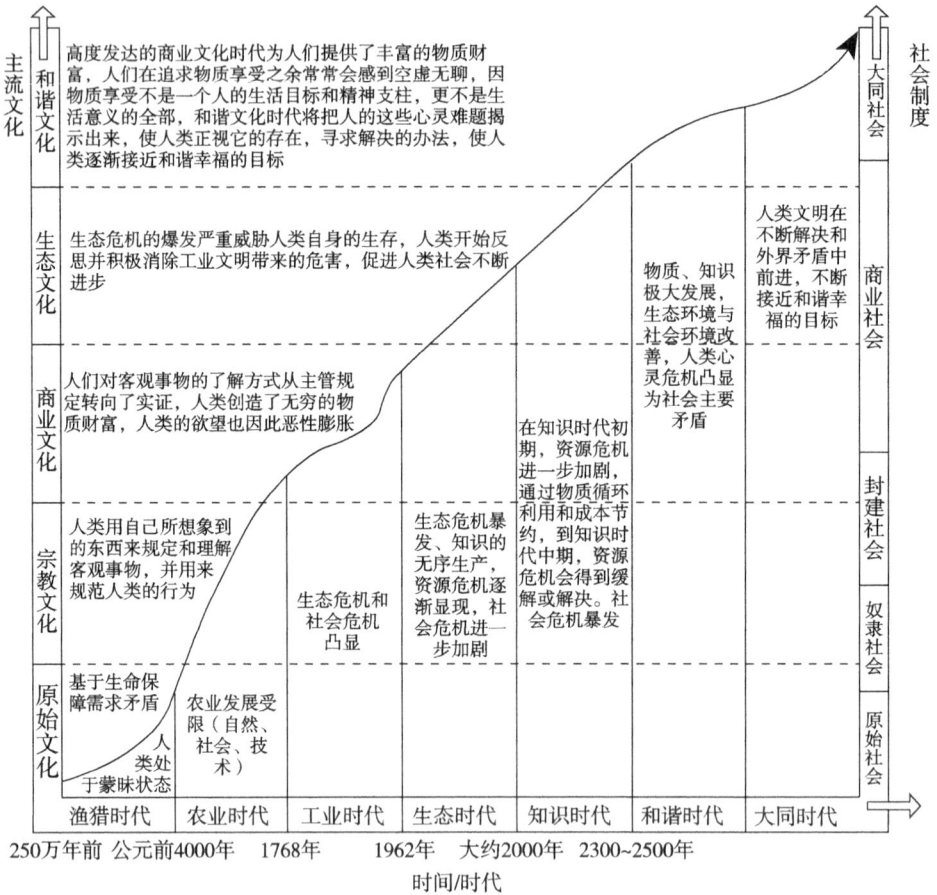

主流文化 ↑

和谐文化	高度发达的商业文化时代为人们提供了丰富的物质财富，人们在追求物质享受之余常常会感到空虚无聊，因物质享受不是一个人的生活目标和精神支柱，更不是生活意义的全部，和谐文化时代将把人的这些心灵难题揭示出来，使人类正视它的存在，寻求解决的办法，使人类逐渐接近和谐幸福的目标
生态文化	生态危机的爆发严重威胁人类自身的生存，人类开始反思并积极消除工业文明带来的危害，促进人类社会不断进步
商业文化	人们对客观事物的了解方式从主管规定转向了实证，人类创造了无穷的物质财富，人类的欲望也因此恶性膨胀
宗教文化	人类用自己所想象到的东西来规定和理解客观事物，并用来规范人类的行为
原始文化	基于生命保障需求矛盾　人类处于蒙昧状态

农业发展受限（自然、社会、技术）

生态危机和社会危机凸显

生态危机暴发、知识的无序生产，资源危机逐渐显现，社会危机进一步加剧

在知识时代初期，资源危机进一步加剧，通过物质循环利用和成本节约，到知识时代中期，资源危机会得到缓解或解决。社会危机暴发

物质、知识极大发展，生态环境与社会环境改善，人类心灵危机凸显为社会主要矛盾

人类文明在不断解决和外界矛盾中前进，不断接近和谐幸福的目标

社会制度 ↑

| 大同社会 |
| 商业社会 |
| 封建社会 |
| 奴隶社会 |
| 原始社会 |

渔猎时代　农业时代　工业时代　生态时代　知识时代　和谐时代　大同时代

250万年前　公元前4000年　1768年　1962年　大约2000年　2300~2500年

时间/时代

图 3.1　人类文明发展进程

根据对文明的分析，引用杨海蛟和王琦[66]对文明含义的概述，笔者认为，文明是指人类社会发展的历史阶段，是人类改造自然和改造社会的积极成果，是一个民族、国家、地域或具有共同精神信仰的群体的精神财富和物质财富的总和。

3. 生态文明的含义

之所以提出生态文明，是因为近 50 年来，工业化、城市化进程快速推进，人口迅速增长和自然资源开发与消耗急剧增加，导致环境污染日益严重、自然生态环境不断恶化、自然灾害频繁发生和社会问题不断涌现，使生态退化、环境破坏和社会冲突等威胁到人类的生存和发展。人们通过人类文明演进规律的思考和对现有生产方式、生活方式的反思提出了一种新的文明形态。1996 年，"生态文明与生态伦理的信息增殖基础"被正式列为国家哲学社会科学"九五"规划重点项目，首次对生态文明的相关理论进行系统的研究。1997 年，刘宗超提出 21 世纪是生态文明时代，生态文明是继农业文明、工业文明之后的一种先进的社会文明形态[68]。上述研究主要是从生态学、生态哲学和社会学的视角探讨生态文明的内涵、地位、理论基础和建设内容，也是我国最早的有关生态文明的研究成果，在此期间，国外对生态文明这一概念描述和相关问题的研究少有涉及。

随着对生态文明研究的持续深入，关于生态文明内涵的阐述发展出了各种各样的观点，其研究范围也从初始的自然生态领域扩展到整个社会、经济和政治学领域，更有学者对中国共产党文明观的演进进行了详尽的阐述[69]。

1）生态文明的内涵

生态文明是一个非常年轻的概念，最早出现在 1984 年苏联《莫斯科大学学报》第 2 期的《在成熟社会主义条件下培养个人生态文明的途径》一文中，该文虽然没有将生态文明提升为人类文明的高级发展阶段，但已经将生态文明视为一种重要的价值观加以确立。1987 年，我国生态学家叶谦吉指出生态文明是指人类既获利于自然，又还利于自然，在改造自然的同时又保护自然，人与自然之间保持着和谐统一的关系[70]。在生态文明的功能方面，大多数学者认为生态文明首先要处理的是人与自然间的关系。王玉玲在 2008 年发表的《生态文明的背景、内涵及实现途径》一文中认为，"生态文明就是人类在改造自然的过程中为实现人与自然间和谐相处所做出的努力及取得的成果"。也有许多学者认为生态文明主要的功能是处理经济社会系统与生态环境系统间的关系。虽然学者们的观点各不相同，但都是从生态系统的内在关系对其进行定义及阐述的，认为生态文明是人类在改造自我、自然、社会的过程中实现人与自我、人与人、人与社会、人与自然、社会与自然和谐的过程与状态。

生态文明是人类文明的一种新形式，是人与自然的一种新的状态，其核心是"人与自然的协调与和谐统一"。因此，生态文明是在人类历史发展过程中形成的人与人、人与自然、人与社会环境和谐统一、可持续发展的文化成果的总和，是人与自然交流融通的状态。它不仅说明人类应该用更为文明而非野蛮的方式来对待大自然，而且在文化价值观、生产方式、生活方式、产业结构和社会结构上都体现出一种人与自然关系的崭新视角。生态文明也指人在改造和利用自然环境的实践过程中，以人、自然和社会协调可持续发展为目标准绳，建立有序健康的生态机制，从而形成的人、自然和社会及与之相关的人、自然和社会关系方面成果的总和，体现为在物质、精神、政治和文化等各个领域方面取得的一切积极成果。

2）生态文明的外延

生态文明是人类文明发展的新阶段，也是一种新的文明形式和要素。在后工业文明时期，人们意识到对自然界进行无条件的索取所造成的生态危机，严重影响着人类的生存和发展，因此，为了人类社会的持续发展需要寻求新的出路，必须树立以"人与自然和谐发展"为主题的新的发展观，依托科技进步、资源合理开发利用和建立生态化的产业结构体系，实现物质文明、精神文明、社会文明、政治文明和生态文明的协调发展。

2002年11月，党的十六大报告在论述政治体制改革时，强调要建设社会主义政治文明，并将其与社会主义物质文明和社会主义精神文明一起确定为社会主义现代化建设的三大基本目标。从这三大文明的关系来看，物质文明是精神文明和政治文明的物质基础，精神文明是物质文明和政治文明的方向保障和动力支持，政治文明是物质文明和精神文明的制度支撑，只有三种文明相互配合、协调发展，人类的文明成果才能得到巩固，文明水平才能不断提升，社会才能不断进步。这充分体现了中国共产党进一步深化了对人类文明结构的认识。

2007年10月，胡锦涛同志在党的十七大报告中提出了实现全面建设小康社会奋斗目标的新要求[71]，指出"建设生态文明，基本形成节约能源资源和保护生态环境的产业结构、增长方式、消费模式"。2009年9月召开的十七届四中全会又把"生态文明建设"提升到了核心战略目标的高度。十七大报告充分体现了中国共产党对人类社会的文明结构及其历史演变规律的把握。物质文明是基础，精神文明是灵魂，政治文明是保障，生态文明是前提。物质文明、精神文明和政治文明离不开生态文明。缺少生态文明，人类必将面临严峻的发展问题甚至生存问题。"四大文明"间形成的是一种互为条件、互为目的、共同促进和共同发展的关系，这是人类社会文明发展的必然规律[72]。上述内容体现了中国共产党对人类文明结构和关系的认识又上升到了一个全新高度。从十七大报告关于生态文明概念的提出、中共文明观演进的过程和胡锦涛同志对生态文明建设的阐述，可以揭示生态文明的基本含义。

在对有关生态文明建设的问题进行阐述时，胡锦涛同志指出："建设生态文明，实质上就是要建设以资源环境承载力为基础、以自然规律为准则、以可持续发展为目标的资源节约型、环境友好型社会。"通过上面的分析发现，中国共产党文明观的演进经历了从以物质文明为内容的一位一体的文明观，到以物质文明和精神文明为内容的二位一体的文明观，再到以物质文明、精神文明和政治文明为内容的三位一体的文明观，最后到以物质文明、精神文明、政治文明和生态文明为内容的四位一体的文明观。党的十八大报告提出："把生态文明建设放在突出地位，融入经济建设、政治建设、文化建设、社会建设各方面和全过程，努力建设美丽中国，实现中华民族永续发展。"从而形成了包括生态文明建设在内的五位一体的中国社会主义建设总体布局。

二、生态文明的边界界定

生态文明作为一种新的文明形态，是指人类在反思和解决传统文明尤其是工业文明所造成的种种全球性问题过程中，就人类自身的生存和发展提出的一种实现人、自然和社会协调发展的文明范式，它代表了人类文明发展的新阶段。生态文明也是对长期以来主导人类社会的物质文明的反思，是对人与自然关系历史的总结和升华，是现代文明的重要组成部分。目前还没有出现被广泛认可的、具体化的生态文明范式，但人类对生态文明的认识和研究，已经在可持续发展理论指导下向前迈进，它要求转变工业文明的自然观与价值观，建构生态文明的物质生产方式、生活消费方式和经济增长方式，在遵循自然生态进化规律与人类社会发展规律的基础上，建设一个人与自然和谐发展的生态文明时代[73]。这也是十七大报告所体现的精神。因此，生态文明是文明理论研究的新课题和文明实践活动的新方向。生态文明作为一个由"生态"和"文明"两个概念复合而成的概念，可以说其就是社会文明的生态化表现，是一种"绿色"文明，是人、自然和社会和谐共生、良性发展的文明。但由于对"生态"和"文明"两个概念的不同解读和理解，尤其是这两个概念的外延在近 20 年来已有极大的拓展。例如，生态在近代是指动物之间以及动物与其生存的有机和无机环境之间的相互关系和存在状态，是生态学的研究对象，而如今生态学已从生物学中的一门分支学科发展成为一个横跨自然学科和社会学科的学科群，生态的概念也几乎深入到经济、社会和自然领域的每一个角落，生态学方法几乎已成为每一门学科都要采用的科学方法，因此，生态文明的外延或者说生态文明边界界定成为进行生态文明相关理论研究首先需要厘清的问题，也是生态文明研究备受关注的问题。

赵成对现有有关生态文明的基本内涵研究成果进行了归纳总结，具体来说，主要有如下两种理论视角和文明维度[74]。

（1）两种理论视角：一是从自然的视角出发，把人类系统看成自然生态系统的子系统；二是从人类生存和发展的视角出发，探讨人在自然的供给与约束下，如何实现可持续发展。

（2）两种文明维度：一是从纵向的时间维度来看，将生态文明视为继原始文明、农业文明和工业文明所产生的高级文明形态；二是从横向的构成要素维度上看，把生态文明视为与物质文明、精神文明、政治文明并列的文明成分。

根据上面两种理论视角和文明维度，生态文明的演进过程可以用图 3.2 的形式表示。在图 3.2 中，从纵向来看，人类文明经历了原始文明、农业文明和工业文明三个阶段，正在从工业文明向生态文明迈进；而从横向来看，生态文明是现代文明体系的重要组成部分，它是现代文明的主要标记，是协调人与自然关系的文明。因此，生态文明可被认为既是一种文明形态，也是一种文明要素。事实上，人类文明从原始文明、农业文明和工业文明向生态文明的演进过程，就是生态文化或者生态理念从隐性到显性、从地域到全球、从弱小到强大、从简单到复杂、从低级到高级的沉淀和发展过程，直至提出生态文明为一种文明的基本要素或概念[75]。因此，可以从文明的形态和文明的要素两个维度对生态文明的边界进行界定。

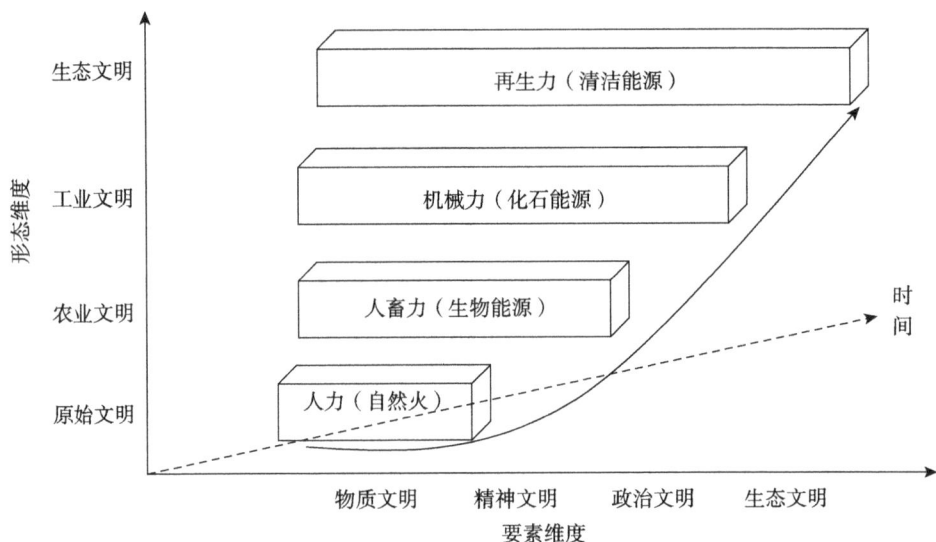

图 3.2　文明的演进

1. 从文明的形态视角界定

生态文明是对农业文明，尤其是近代工业文明进行扬弃反思的结果，其放弃以"人类为中心"的人类功利主义和机械生态观，而是以构建尊重自然规律为前提，以人、自然和社会和谐共生为宗旨，以建立资源节约型、环境友好型社会和与之适应的节约能源资源和保护生态环境的产业结构、增长方式、生产方式、生活方式和消费方式为基础，以引导人类走可持续和谐发展的道路为根本的一种全新的文明形态。原始文明、农业文明和工业文明是在人类与自然力量对比处于不平衡条件下发展起来的，只是基于基本的生存需要，以自身欲望的满足为唯一的目标。与之不同的是，生态文明是在生产力高度发展之后，人类考虑到人与环境协调及自身的可持续发展，对工业文明进行反思后的形态。

2. 从文明的要素视角界定

目前人们认为人类社会的每一种文明形态，都是由多种文明要素构成的，但是在有关社会文明的结构要素的具体内容方面存在多种观点。在表 3.2 中，物质文明和精神文明是各个分法的共同部分，根据马克思主义的理论观点，政治文明（制度文明）是人类社会发展到一定阶段的产物。目前普遍认同的是四分法，它们之间相互联系、相互区别、相互促进、相互制约、共同发展。

表3.2 文明的基本要素构成观点

观点	构成要素
二分法	物质文明、精神文明
三分法	物质文明、精神文明、政治文明
	物质文明、精神文明、生态文明
	物质文明、精神文明、制度文明
	物质文明、精神文明、法制文明
	物质文明、精神文明、社会结构文明
	思想文明、行为文明、政治文明
四分法	物质文明、精神文明、政治文明、生态文明
五分法	物质文明、精神文明、政治文明、法制文明、人种文明
	物质文明、精神文明、政治文明、社会文明、生态文明
六分法	物质文明、精神文明、政治文明、法制文明、环境文明、人的素质文明

　　从目前已有的有关生态文明的研究成果来看，研究者们主要是从人类文明演进的历史形态视角和文明的结构要素视角进行考虑的，而且在关于生态文明是否可以作为一种独立的文明形态和文明的要素问题上存在争议。本书认为生态文明在形态上是人类社会和生产力水平发展到一定历史阶段的必然产物；在要素上是与物质文明、精神文明和政治文明并列的四大文明，但生态文明渗透到其他三个文明之中，表现为生态经济学、生态政治学和生态哲学[76]。生态文明下的物质文明，要求构筑与生态相协调的产业结构体系、经济发展方式、生活方式和消费方式，消除经济活动对自然生态环境的影响和破坏；生态文明下的精神文明，要求敬畏自然，转移人们对物欲的过分强调与关注，没有良好的生态条件，人类就会陷入生存危机，精神文明、物质文明就无从谈起；生态文明下的政治文明，强调公平、协调和价值追求的多元化；生态文明下的社会文明，追求生态平衡的思想观念是对现有文明的超越，它是人类摆脱单纯的欲望束缚，追求更好价值的自我实现，摆脱生态与人类两败俱伤的悲剧[77]。

第二节　生态文明思想演进

一、国内生态文明思想演进

现代工业文明的发展，使人类文明在物质文明上得到了巨大的提升，但也带来了环境污染、资源耗竭和人口膨胀等一系列影响人类自身生存和发展的问题。这些问题的出现，引起人们对如何正确处理人和自然关系的反思。在反思和寻求解决方案的过程中，人们发现西方近代文明的"人类中心主义"思想是现代生态危机的主要思想根源。而反观中国的传统文明，其中蕴涵了大量朴素而深刻的生态思想智慧，即重视人与自然的和谐与统一，崇尚敬畏、节制和无为，追求充实精神的自由。中国古代的生态文明思想主要体现在易学、儒学、道学和佛学上，对现代生态文明观的提出、形成和发展，以及生态文明建设具有重要的借鉴意义。在某种程度上，当代生态文明的提出是向东方理念的回归。

1. 易学与生态文明

易学包括《易经》和《易传》。易学的"三才"理论，把天、地、人联结为一个整体。《周易·系辞上》说："日新之为盛德，生生之谓易。""生生"是天、地、人存在的本然状态，是天人相契的表现，"生生"之道体现了人与自然的和谐发展。而易学中的"变易"、"阴阳"、"中道"和"人和"思想充分体现了人与自然的和谐均衡、感通、协调和统一。易学揭示了宇宙生成及自然演化规律，对当前建构现代生态文明思想体系具有重要借鉴作用。

2. 儒学与生态文明

以孔孟学说为代表的儒学思想作为中华民族主流文化传承了两千多年，一直是中国道德伦理体系的核心内容，其中包括了大量的生态伦理思想。儒学提倡的"天人合一"思想既是生态伦理的核心内容，也是中国传统文化的核心精神。儒学倡导"万物并育而不相害，道并行而不相悖"（《中庸》）的和合精神及与自然相亲、相融、相谐的态度。儒学讲究"畏天知命"，对生命和大自然应充满热爱和敬畏之心。

美国夏威夷大学成中英教授总结了儒学天人生态伦理的八大原则，即阴阳自然创生原则、人存涵摄天地原则、仁者和乐一体原则、涵养致知克治原则、天人德性互通原则、良知贯通知行原则、返本善意笃行原则和生生更新文明原则。这些原则对现代生态文明伦理思想体系的形成具有重要的指导意义。

3. 道学与生态文明

老子是道学思想的最重要代表人物。道学的核心是"道"，道学把"道"作为万物的本源和基础，而"道法自然"是道学生态观的核心思想，提倡以"自然"的方式对待自然。庄子是道学思想的另一位重要代表人物，他指出"无以人灭天，无以故灭命"，体现了与生态文明倡导一致的非人类中心主义思想。

4. 佛学与生态文明

佛学生态伦理思想中蕴涵着诸多与现代生态伦理思维相一致的内容。佛学的缘起论是佛学生态观的哲学基础，是佛学思想的基石。缘起论认为世界万物万象皆是由一定的条件或原因而生成的，因缘相起，构成了世间万物的流转。从缘起论可以演绎出佛学的基本生态伦理观。

（1）众生平等与尊重生命的思想。佛学基于"一切众生皆有佛性""无情有性""是法平等，无有高下"的思想，主张"尊重生命"，宇宙间的一切生命平等。

（2）大慈大悲的思想。《华严经》认为："诸佛如来以大悲心而为体故，因于众生，而起大悲；因于大悲生菩提心；因菩提心，成等正觉。"佛学通过成佛这一终极目标引导、宣扬着一种先进的生态文明观，即扶弱济困、助人自助，人与人和谐共生，保护大自然就是保护人类赖以生存的家园。

（3）报众生恩的思想。佛学认为任何生命都是其生存环境的产物，人的身体是由他周围的物质在有机关系演化中形成的，人受到了万物的恩泽；人类要正确认识自己所受到的恩惠，努力为环境和其他生物做出贡献。佛教主张戒禁杀戮，人类不仅要珍惜自己的生命，而且要珍惜众生的生命；人类要想有一个良好的生存环境，就必须与自己生存环境里的其他生命体共生。

（4）追求"禅"的境界和有节制的生活。佛学要求人类净化自身的欲望和要求，充分利用现有自然资源生存，一切从人与自然和谐发展的角度出发。这对人类正确处理人与自然关系有很好的现实意义。

5. 中国当代生态文明思想

中国当代生态文明思想是在中国社会主义建设实践过程中，在马克思主义的生态思想指导下，在中国传统生态观念和当代西方生态文化思潮的影响下萌芽和发展起来的，并且随着中国特色社会主义理论的形成和发展，以及科学发展观的提出和实践而逐步形成了一个比较系统的中国特色社会主义生态文明思想体系。

首先，中国当代生态文明思想的形成过程。中国当代生态文明思想的历史演进和形成，是与我国社会主义的生产力和经济发展水平相适应的。它经历了改造自然，使自然环境适宜生存，并有利于提高人民的物质生活水平，到重视环境保护，确立以环保为基本国策，最终提出科学发展观及生态文明建设的历史过程[78]。

其次，中国当代生态文明思想的基本内容。党的十七大报告对中国特色社会主义生态文明思想进行了详细的论述。

第一，产业结构优化升级：从片面追求规模扩大、单纯靠政策和投资拉动经济增长的模式，转变为大力发展现代化新兴产业和现代化服务业，着力提高产品附加值和科技含量，淘汰能源消耗高、环境效益差的产品。

第二，增长方式集约高效：从粗放式的经济发展方式转变为以科技带动的集约型增长方式。

第三，消费模式科学合理：在全社会倡导绿色、科学、合理的现代化消费理念，加强全民节约意识，提高消费效益和质量。

第四，循环经济形成较大规模：大力发展循环经济并形成较大规模，以降低生产、消费和流通过程中能源的消耗，提高产品的再利用率。

第五，可再生能源比重显著上升：从战略高度提升新能源和可再生能源的重要地位，增强可再生能源市场的竞争力。

第六，污染物排放得到有效控制：积极降低单位产值的能源消耗率和工业废物排放率，以最小的资源环境代价实现可持续发展目标。

第七，生态环境质量明显改善：大力提升人类赖以生存的资源，如水、空气、土地的质量等，积极应对气候问题，改善生态环境质量。

第八，生态文明观念在全社会树立：加强对可持续发展的生态文明观念的宣传力度，使人们在生产、生活、消费等日常活动中，自觉地贯彻生态文明思想。

二、国外生态文明思想演进

生态文明是生态哲学、生态伦理学、生态经济学、生态现代化理论等生态思想的升华与发展，是人类文化发展的重要成果。

生态哲学是用生态系统的观点和方法研究人类与自然之间的普遍规律的科学。当代主客观一体化的生态哲学起源于马克思主义思想。马克思批判并成功超越了黑格尔唯心主义自然观、费尔巴哈旧唯物主义自然观，形成了马克思主义生态哲学理论。马克思主义生态哲学理论强调人与自然的相互依存，其主题是人与自然环境的辩证统一关系。

生态伦理学从生态的角度确定了世界的价值秩序和人类的道德准则。生态伦理学认为，生活在现在和未来的人，有权享受最起码的生活标准，当代人不能为自己的非必需的欲望而牺牲后代的基本需求。生态伦理学不仅关注不同地区、不同时代人的发展，还关注人类与其他物种的共生；不仅关注当代人的发展，还关注人类的持续发展，强调代内、代际及种际的公平与效率的有机统一。

生态经济学是从生态文明的角度研究经济学。在传统经济学中，经济增长为绝对主导，可以作为一切经济活动的标准和目标。生态经济学认为，在传统的物质能量线性流动的工业生产模式下，经济发展得越快，产值越高，对环境的牺牲也就越多，人类迟早要面对不可逆的生存危机。所以，生态经济学提出了循环经济发展方式，提倡实现非线性的物质能量流动。生态经济学要求经济政策的制定必须要以生态文明的价值观为依据。

生态现代化理论是研究利用生态优势推进现代化进程、实现经济发展和环境保护双赢的理论。加快推进发展模式由先污染后治理型向可持续发展方向转变，不能以牺牲环境作为发展的代价。

总之，以人与自然和谐发展为核心的生态哲学理论，以统筹代内、代际及种际的公平与效率为核心的生态伦理学理论，以外部性内部化为核心的生态经济学理论，以生态与经济协调发展为核心的生态现代化理论，从不同角度为生态文明的提出和生态文明的建设奠定了理论基础。

第三节　生态文明的系统结构

一、生态文明的要素结构

本章第一节已给出生态文明概念。所谓生态文明，是指人类文明的一种新形式，是人与自然生态的一种新状态，其核心是"人与自然的协调与和谐统一"。按照生态文明的边界界定，生态文明是与物质文明、精神文明和政治文明并列的文明，同时渗透到其他三个文明之中。四大文明既相互联系又相互区别、既相互促进又相互制约，共同协调发展[76]。

生态文明作为人类文明的一种形式，从自然、经济、社会的整体利益出发，有效地解决了人类经济社会活动的需求同自然生态环境系统供给之间的矛盾，实现经济社会、自然环境的可持续发展。从生态文明的内涵上划分，生态文明的要素结构分为以下几方面。

1. 生态物质文明方面

生态物质文明方面包括生态产业、生态科技、生态环境。生态产业是生态文明的物质基础。在生产方式上，从消耗资源、破坏自然、牺牲环境型向资源节约、环境友好、绿色增长型转变，由单纯追求经济效益转向追求经济效益、社会效益和生态效益等综合效益，使生态产业在产业结构中居于主导地位，成为经济增长的主要源泉。

生态科技是生态文明的驱动力量。生态技术是将生态学原则渗透到科技发展的目标、方法和性质中，更加注重科技和自然关系的合理化，从而实现经济、社会、自然的整体效益。将人-社会-自然有机统一，实现物质生产的生态化。坚持生态文明科技的发展方式，是实现人与自然和谐发展的关键。

生态环境是生态文明的基本要求。生态环境问题是人们在生产消费过程中，对自然环境造成的负面影响。生态文明建设的重要目标和实践要求就是要统筹好人与自然的关系，通过生态环境保护，遏制生态环境破坏，减轻自然灾害的危害程度，消除人类经济活动对自然生态系统构成的威胁，促进自然资源的科学合理利用，实现自然生态系统良性循环。同时，有效控制污染物和温室气体排放，保护好生态环境，实现生态环境质量的明显改善和可持续发展。

2. 生态精神文明方面

生态精神文明方面包括生态文化和生态价值观。生态文化是生态文明的精神支柱。生态文化，广义上包括自然生态文化（森林文化、湿地文化、草原文化、海洋生态文化等）和社会生态文化（城市生态文化、乡村生态文化、民族生态文化等）；狭义上是指不同人类种族、民族、族群在适应、利用和改造环境过程中所积累和形成的由知识和经验构成的文化体系，蕴涵和表现在整个民族的宇宙观、生产方式、生活方式、社会组织、宗教信仰和风俗习惯中。

生态价值观是生态文明的价值指导。生态价值观包括生态道德和生态意识，是对人与自然价值的正确认识。要求我们树立符合生态原则的价值体系，重建人与自然的价值平衡。由单向思维方式转向双向思维方式理解生态价值观，既有利于自身健康生存和可持续发展，又有利于自然、环境和社会的和谐统一。

3. 生态社会文明方面

生态社会文明方面包括生态消费、生态效益。生态消费是生态文明的公众基础。生态消费是以维护自然生态环境的平衡为前提，寻求一种生态平衡关系，实现既满足自身需要又有利于环境保护的健康的可持续的消费模式。生态消费要求公民转变原有的消费理念、消费行为和消费模式，从浪费资源过度消费型转向适度合理消费型，从环境损害型转向环境保护型，形成合理的消费结构，引导消费向绿色健康方向发展，从而使人过上环境友好、和谐理性的生活。

生态效益是生态文明的内在追求。生态效益以通过生态平衡达到的经济效益为标准，衡量其好坏，前提是维护生态平衡。生态效益通过各单位的清洁生产、保护、节约、高效利用自然资源，并对废弃资源再次循环利用，大力开发再生清洁能源和新能源，以降低资源的总体消耗，维护自然界的生态平衡。从长远利益出发，在人类生产、生活中，应该注重生态效益，如果生态效益受到破坏，经济效益也很难保证。在人与自然物质交换的过程中，充分发挥自然系统的自我调控和合理的人为调控作用，能最终实现生态效益与经济效益的共赢。

4. 生态政治文明方面

生态政治文明方面包括生态制度、生态政策。生态制度是生态文明的根本保障。可持续发展的生态制度是解决生态环境问题的根本性动力。通过建立生态战略规划制度，立足长远发展，把人与自然的和谐与可持续发展纳入政府的决策体系，吸引更多主体积极参与生态文明建设，创建更加公平的法制环境。

生态政策是生态文明的推动力量。生态化虽然渗入社会结构之中，但并不能推动整个社会结构的变化。考虑相关生态政策拉动，以更好地协调人类、自然、经济社会之间的关系。在政策制定上，使独立客观的学者群体加入政策制定的过程中来。以生态政策为支撑体系，推动环境保护与污染治理的技术研发、高科技适用技术的推广应用等，以更好地推动生态文明建设的发展。

总体而言，生态文明包含相互联系、相互制约的生态物质文明、生态精神文明、生态社会文明和生态政治文明四方面生态系统要素，它们相互耦合成一个复杂系统，共同推进生态文明与生态建设的发展。

二、生态文明的产业结构

在我国数十年的经济快速发展过程中，经济增长的实现很大程度上是以牺牲环境和资源为代价的。其产业结构层次偏低、工业内部结构偏重、服务业比重偏低，低层次的产业结构造成资源消耗大、环境污染严重等一系列生态问题，使我国产业结构也一直存在着内部结构不合理、效益偏低等问题，并日益成为约束和阻碍经济发展的因素。具体体现在如下方面[79]。

（1）生产结构不合理，农业和工业等粗放型产业比重偏大，而服务、高科技产业比重偏小，存在结构性水平低下、地区性生产过剩，以及企业生产的高消耗、高成本，并造成经济高速增长与资源、环境之间的矛盾不断加大。

（2）产业组织结构不合理，规模效应没有得到充分的发挥。

（3）产业技术结构不合理，过分依赖引进的技术提高质量，创新能力与自主研发能力弱，不能适应激烈的国际竞争。

（4）高技术产业、环保产业等新兴产业相对落后。

较之工业文明阶段的产业结构，生态文明的产业结构更具合理性、高度性、协调性和系统性。生态文明的产业系统在工业文明的产业系统基础上融入了生态共生理论和协同理论，其产业结构既有工业文明阶段的产业结构特点又有生态文明阶段的产业结构特色——生态产业。生态文明的产业系统可划分为生态农业（ecological agriculture）、生态工业和生态服务业等其他生态产业。

第一，生态农业是生态文明的产业结构基础。1970 年，美国土壤学家 Albrecthe 首次提出了"生态农业"的概念，强调要把农业建立在生态学的基础上，使农业在不断提高生产率的同时，保障生产与生态的协调[80]。建设生态农业，就是将生态学经济原理用于指导农业发展，改变单一的农业结构和经营方式，推动农业的产业化经营，使其向系统化、科技化、标准化和清洁化的农业生产方式转变。中国人口众多，土地和水资源等相对贫乏，因此要充分依靠农业科技的作用，发展生态农业。中国生态农业的发展正在向知识型、服务型、网络型和规模型转变[81]，这更有利于合理开发资源，控制环境污染，维护生态平衡，从而促进农业可持续发展。

第二，生态工业在生态文明的产业结构中占主导地位。有限的能源、资源要求必须在全社会倡导节约能源、资源，努力形成有利于节约资源、减少污染、保护环境的产业结构、生产模式和消费方式，以满足人类可持续发展的需要。它是依据生态经济学原理，以实现物质能量循环利用为特征，以现代科学技术为手段，从而达到物质和能量的最大化利用及对外废物零排放的现代化生产模式[82]。生态工业内部结构的优化，能够限制高能耗、高污染工业的发展，提升高技术产业水平。

循环经济是"资源—产品—再生资源"的非线性、闭环模式发展的经济，它强调要最高效地利用资源和保护环境，目的是解决物质能量和资源的最大化循环利用问题。大力发展循环经济，开发清洁能源和再生能源，是推动生态工业发展，科学合理地利用能源、资源，提高能源、资源利用效率，达到节约及高效利用能源、资源的有效途径。

第三，生态服务业等其他生态产业是生态文明的产业结构的支撑。生态服务业包括生态旅游业、生态环保业等，是指运用生态学原理和系统论方法，在倡导绿色生产和绿色消费，充分开发、合理利用当地环境资源的基础上形成的能源和资源节约共享、产品及服务绿色化、产业间高度关联的现代化服务业发展模式。生态服务业的发展总体上有利于降低城市经济的资源和能源消耗强度，是整个生态产业正常运转的纽带和保障。

生态旅游业是新兴的绿色服务业，近年来受到人们的广泛关注。它是以生态保护为前提，突出对旅游者的环境教育和生态旅游经营管理者对自然保护的重视，把环境教育和自然知识的普及作为核心内容的高层次产业。

生态环保业是为了降低人类对自然环境的负面影响而存在的产业，主要包括节能环保设备（产品）生产与经营、新能源开发、环境保护、生态科技研发与环保服务体系，以实现经济和环境的可持续发展。

总之，生态文明的产业结构是一个复杂的网络体系。其中，生态农业是其他产业的基础；生态工业是核心与关键，通过对资源能源的循环利用和新能源的开发，实现废物的零排放；生态服务业是支撑，为生态农业和生态工业提供服务，通过生态教育提高人们的环保意识，倡导绿色消费模式和消费方式，满足消费者对环境质量的要求。生态文明的产业结构注重各个产业结构之间环环相扣，努力促进自然生态系统与社会经济系统的良性发展，最终实现人、社会、自然、经济的和谐发展。

三、生态文明的结构关系

通过上文的分析，可以得到生态文明的系统结构关系，如图 3.3 所示。

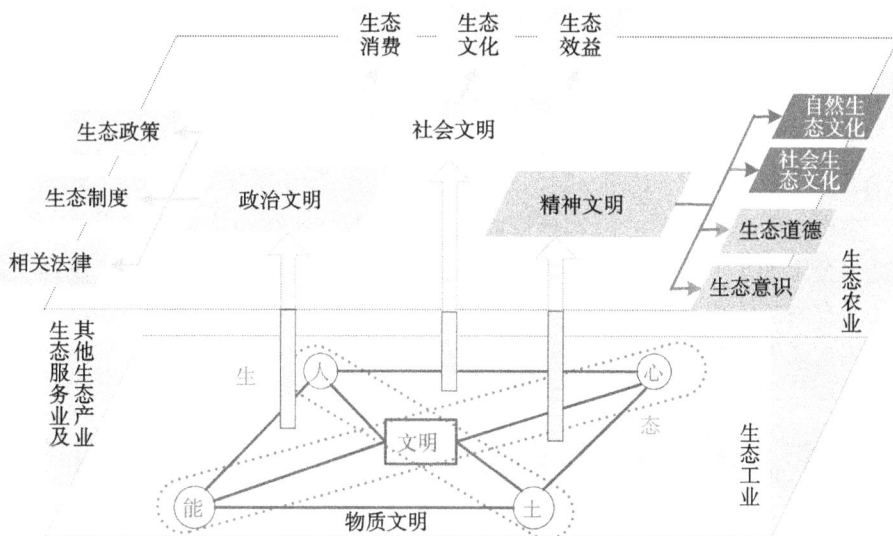

图 3.3　生态文明系统结构关系

单纯地看，生态文明的产业结构属于生态物质文明方面，因为生态农业、生态工业及生态服务业等都为生态文明提供了物质基础和保障。但是，从生态产业结构外延的整体影响上看，各个产业相互关联、密不可分，相互渗透在生态文明的各个方面。例如，生态农业已经形成了生态农业文化，生态工业拉动着生态消费和生态效益的增长，生态服务业又伴随着相应的法律法规出台等，说明生态产业已经融入社会系统的各个方面。

把握好生态文明的系统结构关系及其本质和深刻内涵，是处理好经济发展、资源节约和环境保护的关系的前提，是深入落实科学发展观、实现可持续发展和构建社会主义和谐社会的重要举措和必然要求。

第四节　本　章　小　结

本章通过生态文明的概念界定和边界界定来阐述生态文明的基本理论，继而从国内外两个角度分析生态文明的思想演进。在此基础上，系统分析了生态文明的要素结构和生态文明的产业结构，并依据生态文明的合理性、系统性和协调性分析生态文明的要素和产业结构的关系。

第四章 产业结构系统分析

生态文明建设的核心内容是形成合理的生态产业结构体系。产业（industry）是社会分工和生产力发展的必然结果，是国民经济运行的主要内容，也是支撑人类文明发展的物质基础。产业结构是经济结构的基础和核心。在产业发展过程中，产业结构是否合理决定着国民经济的质量高低，产业结构系统的不断演进和优化是实现经济稳定快速增长的基本要求。本章从产业和产业结构的相关理论出发，探讨产业的系统要素和产业结构的演进趋势，从而为生态文明建设的产业结构体系构建提供理论指导。

第一节 产业系统概述

产业是社会发展和社会分工的产物，是社会生产力不断深化和扩展的必然结果。顺应社会生产力的发展趋势，社会分工的不断深层次化趋势使产业构成了一个多层次的复杂经济系统。

一、产业的基本内涵

随着工业文明的诞生和不断发展，为了研究国民经济中各个组成部分的相互关系和数量比例关系，引入了产业这一概念。社会生产力的不断发展、社会分工的不断细化和社会需求的不断推动，使人类产业系统在不断发展演变，产业的内涵不断充实，外延不断扩展，产业的形成和发展是一个复杂动态过程。

产业一词最早特指农业，直到人类进入资本主义社会化大生产时期，产业开始被理解为工业。伴随工业文明进程的加快、科技的发展及服务性产业的凸显，产业的内涵发生了较大的变化。产业逐渐被界定为"生产同类产品（或服务）及其可替代品（或服务）的企业群在同一市场上的相互关系的集合"[83]。因此，产业的含义在不同时期、不同研究领域和不同场合是不尽相同的，但产业的内涵是在不断充实的。

在西方产业经济学中，产业一般是指国民经济中以社会分工为基础，生产具有一定替代关系的同一类商品的生产者的集合。而传统社会主义经济学理论认为，产业的主体内容是指社会的物质生产部门。从这个意义上讲，任意的物质生产部门都可以构成一个相对独立的产业，如"建筑业""金融业""农业"等。这也体现了产业的内涵的复杂性。

对产业概念的界定，本书依据国际通行的惯例，认为产业是具有某种同类属性的企业经济活动的集合或系统[84]。它是介于宏观和微观经济之间的中观经济，属于中观层次的经济学范畴。产业深刻反映了人与自然关系的深度和性质，是人类文明演进的基础[85]。

随着生产力的发展和社会分工专业化程度的提高，专业分工成为主导形式，如将服务业细分为居民服务业、专业技术服务业、计算机服务业等，以此类推，直至产业不能再分，同时，专业分工也使产业的内涵逐步扩大，涉及国民经济的所有部门。

二、产业的基本特征

人类产业的发展是从原始单一的采集和渔猎业开始的，人类在长期的采集和渔猎过程中，积累了关于动植物的丰富知识，形成了人类原始文明，随着人口的增加和自然环境的改变出现了新的食物需求，原始的种植业和畜牧业应运而生，形成了基于饲养和耕种的农业产业体系。随着农业的发展、生产力水平的提高，以及人类生态环境的改善，人口数量和人口寿命均得到极大提高，以农业为主的人类产业结构体系向基于大规模机械化生产的工业结构体系转变成为必然，而后工业文明时代的产业大发展和生态文明的产业体系的形成是人类产业必然的发展过程。人类产业从无到有、从简到繁的演进和发展过程将不断继续下去。

纵观人类文明和产业的发展过程，人类以产业为基础，在不同的地域和不同的时期，创造和形成了种种文明形态和模式，即各种区域文明，也创造了原始文明、农业文明、工业文明，并提出了生态文明建设的发展要求。实际上，每一种文明都是与自然、社会、经济和历史背景相适应的，但都集中体现和聚焦在产业的背景上。而每一种文明均有其自身的特征、体系和时空条件，具体反映在支撑该文明的产业系统上。因此，产业也必然有其相应的特征、体系和形成与演化的时空条件。

从产业的整体结构及其发展过程来看，产业的特征可以从空间维度和时间维度两方面来阐述。在空间维度上，产业具有区域性特征。产业的区域性一方面表现在该地区经济的发展状况上，经济发达地区与经济发展相对落后的地区在产业结构上会存在很大的差别。另一方面，资源分布的区域性也会影响产业结构。例如，我国山西煤矿储存量大，其煤矿产业发展相对其他产业来说在数量和质量上都要优于其他地区。在时间维度上，产业具有阶段性特征。随着经济的发展和科学技术的进步，产业由过去单一的农业模式逐渐发展为农业、工业和服务业并存的复杂产业系统。

上述产业特征是从产业作为物质生产行业来考察的。从产业经济学角度看，产业具有不同意义的特征，具体表现在如下三个方面[84]。

第一，产业具有同类属性或特征。从需求角度来说，产业可按照替代性与互补性产品生产来划分；从供应角度来说，产业是指进行物质生产活动和具有经济性质的服务活动，如生产技术、生产过程、生产工艺等。政治、社会等活动不属于产业范畴。

第二，产业的划分立足现实的可行性。由于地域特色和经济发展水平限制，各地产业的划分适于某种特定的分类方法。因此研究某地域不同产业之间的各种技术经济关系和相互作用方式，可以立足实际情况，因地制宜采用不同的产业分类法。

第三，产业的含义具有多层次性。随着社会不同阶段生产力的发展，社会分工逐步细化、专业化程度提高，产业由原始特指的农业发展到以工业为主体，再到目前的三次产业的产业划分，使产业形成多层次的产业范畴。

三、产业的系统要素

产业的系统要素，从经济学角度来讲，一般可分为自然条件、资本和劳动力三个方面；从生产力发展角度来看，可将其概括为生产对象或资源、生产工具及劳动者。以技术进步为基础的对生产工具的改良和劳动者劳动能力的增强是促进产业系统发展必不可少的条件。而根据系统理论可将产业的系统要素分为管理要素、技术要素、人员要素、生产要素、市场要素、资源要素和信息要素等[83]。本书将产业的系统要素概括为管理要素、主体（企业）要素、市场要素、政府（政策法规）要素、资源（人才、技术、资本和信息）要素和生产要素（表4.1）。

表 4.1　产业要素

要素名称	含义
管理要素	通过计划、组织、实施和控制等措施促进产业系统的发展
主体（企业）要素	企业是产业组织构成的主体
市场要素	市场需求的改变会引起产业结构的转变，因此市场要素可以引导产业系统的演化发展
政府（政策法规）要素	政府的政策法规会推动或制约一种产业的发展，因此也是产业系统要素不可缺少的部分
资源（人才、技术、资本和信息）要素	人才、技术、资本和信息等构成了资源要素，它们决定着产业演进的速度和质量

要素名称	含义
生产要素	产业系统是一种以各种资源要素作为输入和以产品或以服务作为输出的、开放的生产系统，这一系统中包括各种生产设备、生产工艺、生产质量等因素，生产要素决定了产业系统的输出水平

根据系统论的观点，产业的发展依赖于各产业要素间和各关联产业间的相互作用。不同的产业和同一产业在不同的发展阶段其要素结构是不同的，产业要素的合理配置和流动是促进稳定发展的基础。Porter 的产业竞争优势"钻石理论"指出：一个产业能否取得竞争优势、能否可持续发展主要取决于生产要素（人力资源、自然资源、资产资源、技术资源、知识资源和设备资源等）、需求要素（市场要素）、相关产业要素和企业竞争力要素四个钻石要素，以及机会和政府附加要素[86]。因此，产业的生命周期和产业的素质取决于产业要素的质量水平，促进生态文明建设的产业结构研究，必须充分考虑产业要素条件和产业间的协调关系。

第二节　产业结构与产业分类

产业结构演进是指产业结构的高级化、合理化、生态化发展趋势。在多种因素的推动下，产业结构将发生有规律的演进。产业结构演进是产业系统演进的重要前提，而明确产业结构的含义及分类是产业结构演进的基础。

一、产业结构内涵

结构一词的含义，从产业经济学角度讲是指产业经济系统各个组成要素间的相互作用、相互搭配和排列状态。产业结构是产业经济系统中，各产业部门间和产业部门内部的构成、各产业间的关联和比例关系，产业结构内涵涉及产业的构成和构成比关系。根据对产业要素的分析可知，产业结构是一个产业要素的"配置器"，而产业系统是一个复杂的资源"转化器"，其系统输入涉及资金、技术、资源、劳动力、信息等不同产业要素及其数量与质量因素，而其产出包括各种不同层次的产品、服务等。产业结构内涵是极其复杂的、分层次的，它随着社会需求、产业要素的变化而改变，与社会需求，尤其是市场要求相适应。准确把握产业结构内涵是正确认识和评价产业结构的基础和前提，生态文明建设的产业结构体系的构建，必须充分把握其产业结构内涵。实际上，人们对产业结构内涵的理解和产业结构理论的形成是一个不断深入和深化的过程，通过对产业结构理论的渊源、形成和发展过程的分析将有助于对产业结构内涵的理解。

1. 产业结构理论的思想渊源

产业结构理论的思想可以追溯到 17 世纪中叶。配第第一次发现产业结构的不同是造成国民收入水平差异及经济阶段性发展的关键因素[87]。魁奈在 1766 年发表的《经济表分析》中对社会资本在生产和流通条件方面进行了分析，这一成果为产业经济理论做出了突出的贡献。继前人重要的理论成果之后，斯密在《国富论》中阐述了产业部门和产业发展应遵循的顺序[88]。虽然未明确界定产业结构的概念，但他们为产业结构理论的研究和发展提供了重要的思想。

2. 产业结构理论的形成阶段

产业结构理论的形成时期为 20 世纪 30~50 年代。在这一时期，经济领域中的产业结构研究逐渐兴起，许多经济学家做出了突出贡献。从费希尔的三次产业的划分方法[89]，到日本经济学家赤松要提出著名的"雁行形态论"[90]，再到 Clark 的三次产业发展规律性的分析[25]，都在使产业结构理论不断完善。但这一阶段的产业结构含义分析经济问题所用方法是不规范的，解释分析的问题比较混杂。

3. 产业结构理论的发展阶段

进入 20 世纪 50 年代以后，产业结构理论既得到了充分发展，又在不断丰富着。关于产业结构的理论研究及各种模型的提出，都为产业结构理论体系的不断深入奠定了坚实的基础。1954 年，Lewis 提出了用以揭示发展中国家经济问题的二元经济结构模型[91]。1958 年，赫希曼在《经济发展战略》中建立了不平衡增长模型。关满博基于"齐全型产业结构"提出了"技术群体结构"概念，并构建了三角形模型，拓展了产业结构的应用研究范畴，产业结构概念得到不断完善[92]。

目前，产业结构内涵一般是指产业体系中不同产业间的关系结构，可以从两个角度理解产业结构内涵：一是从"质"的角度动态地揭示社会再生产过程中，一个国家或地区各产业间的技术经济联系和资源在各产业间的配置状态，即揭示产业间相互依存、相互作用的方式；二是从"量"的角度分析不同的时期和地区各产业部门之间的比例构成及各产业所占的技术经济数量比重。实际上，产业的投入产出比例关系和产业要素资源在各产业间的配置状态是内在统一的，既体现产业间静态的技术经济比例关系，又揭示产业间动态的关联发展。

但对于不同的产业，其产业系统要素和产业结构是不相同的。对于单一产业的研究也需要对其结构内涵有正确的把握。可以从两个维度理解产业结构内涵：一是横向维度，产业横向结构是指其内部各行业的构成及其组合比例和相关关系，涉及行业构成及其比重、行业内部各类生产构成及其比重、同一行业的产品结构及其比重、同一产品的品种结构及其比重、同一品种的品质结构及其比重和同一产品的上市时间结构等；二是纵向维度，产业纵向结构是指产业产品的设计、生产、加工、流通和销售等环节及其比例关系。一个完整的产业应该是由上述环节的紧密联系形成的一个产业体系和产业链。

本书的研究涉及产业内部结构、产业技术结构、产业结构布局、产业结构组织和产业链五个产业结构的基本要素，并重点对生态文明建设的产业结构体系、产业布局和产业结构优化等问题进行了研究。

二、产业分类方法

产业分类是研究产业结构、产业关联、产业布局等的前提和基础。产业分类是指把具有不同特征和功能的产业按照不同标准进行产业归类的活动。目前，世界各国存在各种不同的产业分类方法，产业分类受多种因素影响，在国际上存在各式各样的产业分类标准。根据产业结构研究的不同视角和目的，产业分类方法具有多样性的特点，归纳起来，主要存在如下分类方法。

1. 两大部类分类法

马克思为了剖析资本主义再生产的本质、揭示剩余价值产生的来源，提出两大部类分类法。将社会总产品分为生产生产资料的第Ⅰ部类和生产消费资料的第Ⅱ部类[93]。

第Ⅰ部类主要是指生产和创造各种生产资料（包括各种生产设备、工具、材料、原料）的部门，如制造业、运输业、林业、建筑业等，它们所创造的产品用于生产消费；第Ⅱ部类主要是指提供各种非物质性服务和个人生活消费品的部门，如学校、科研机构、卫生行业、金融业、娱乐业等。

两大部类分类法是进行区域产业结构和均衡理论研究的理论基础，具有重大的理论意义，但其存在一定的局限性。第一，它所涵盖的产业范畴狭隘，没有包括非物质生产部门，如运输业、商业等，因而限制了对产业经济的全面分析；第二，产品的归类模糊，甚至无法用这种分类方法得到归类；第三，分类不够细化，无法全面深入分析产业结构变化对经济增长的影响，对结果难以比较分析，在实际中的应用不够理想。

2. 资源密集程度分类法

资源密集程度分类法（又名生产要素集约分类法）是按照技术、资本和劳动力等生产要素在各产业中的生产投入或相对密集程度把全部的产业分为劳动密集型、资本密集型和知识密集型三大类产业，如表 4.2 所示。

表 4.2　资源密集程度分类法

项目	劳动密集型	资本密集型	知识密集型
劳动构成水平	依赖程度较高，尤其是体力劳动占比重较大	相对资本成本偏低，整体比重较大	脑力劳动占比重较大
资本构成水平	偏低	高度依赖，资本投入较高	较低
知识构成水平	较低	较低	高度依赖，知识含量高
代表产业	农业、林业、纺织业、食品业、皮革和家具业等	钢铁工业、运输业、石油化工业、重型机械工业等	核工业、生物产业、海洋工程产业、信息产业、电子计算机产业等

　　资源密集程度分类法可以较客观地反映国家产业经济中的劳动力、资本和技术的发展水平。由于技术进步和工艺的提高，劳动密集型产业在经济发展中比重趋于减少，尤其在发达国家中，这一现象尤为明显；资本密集型产业多分布于基础工业和重型加工业中，它是国民经济发展的重要基础；知识密集型产业反映产业结构的高度化趋势，决定着一个国家或地区的竞争力，一般认为，技术密集型产业比重的增加预示着良好的经济增长前景。但是这种方法的划分比较模糊，缺乏统一的划分标准，易受主观因素影响。

3. 三次产业分类法

　　三次产业分类法是目前世界上较为通用的产业结构分类方法之一，它不仅是西方经济统计学上重要的统计方法，同时也是一种理论。经济学界普遍认为，该方法是由英国著名经济学家费歇尔和 Clark 建立的。费歇尔认为，在世界经济发展史上，人类社会经济活动的发展有三个阶段：第一阶段称为初级生产阶段，物质取自自然界，人类主要的活动以农业为主；第二阶段称为第二产业，始于英国工业革命，那时人类经济活动以机器大工业的迅猛发展为标志，加工取自自然的生产物，这阶段制造业得到飞速发展；第三阶段称为第三产业，始于 20 世纪初，此时非物质生产部门的资本与劳动力数量迅猛增长，全部经济活动统归于第三产业。1940 年，Clark 在其经济名作《经济进步的条件》中进一步延伸了三次产业分类法的应用研究。在我国，国家统计局对我国三次产业进行了具体范围划分[94]。三次产业分类法作为一种很有实用价值的产业结构分析工具，得到了经济学界和政府部门的广泛认可和普遍应用。

4. 国际标准产业分类法

　　联合国为了统一不同国家的产业分类标准，使国家的统计数据具有可比性，于 1971 年编制并颁布了《全部经济活动的国际标准产业分类索引》（*Index to International Standard Industrial Classification of All Economic Activities*，ISIC），在世界上最具有权威性。这个国际标准具有完整的产业分类，便于各种产业结构的分析和研究，因此具有广泛的适用性。该分类方法与三次产业分类一致，有助于推进各国产业分类的标准化。

5. 产业地位分类法

产业地位分类法（又名战略关联分类法）是根据产业在经济运作和发展中的不同地位、贡献和作用对产业进行划分的分类方法，具体如表 4.3 所示。

表 4.3　战略关联产业分类法

产业类型	产业地位与特征
基础产业	为社会生产提供基础设施服务；决定国民生产活动的发展方向和速度
主导产业	居于主导地位；对其他产业的发展具有较强的引导性和带头性作用；决定着产业结构演变趋势；扩散效应较强
支柱产业	国民收入的主要来源；对国民经济发展具有支撑作用，但未必像主导产业一样具有引导作用
瓶颈产业	制约其他产业与社会经济的发展；未得到应有发展
战略产业	有广阔的市场前景和巨大的社会需求；能迅速增长并占有较高的市场份额；在国家长远的发展上具有重要的决定性作用
夕阳产业	高程度并发展到极限的产业；相对地位渐趋下降；发展势头减弱

6. 霍夫曼产业分类法

德国经济学家霍夫曼为了揭示工业化进程的阶段性，主要针对工业部门进行了产业分类，遵循 75% 原则，即当某种产品的用途有 75% 以上是属于消费资料时，就把该产品归入消费资料；若用途有 75% 以上是属于资本资料时，则该产品将划入资本资料；难以用 75% 原则确定的产品和产业，就被归入其他产业部门。霍夫曼产业分类方法主要是为了探究消费资料和资本资料间的比例变动，以及与工业化进程之间的关系。

实际上，上述各种产业分类方法均存在各自的局限性。例如，在三次产业分类法中，首先，产业归类尚存在异议。随着科技的发展、社会分工的细化和产业规模的壮大，许多其他产业内部出现了重组，不断有新的部门被划入第三产业。其次，第三产业内容过于庞杂，新型产业（如信息产业、环保产业等）缺乏科学的理论依据和指导，对它们的特点和规律的把握难以概括，不利于产业结构研究。为此，有些学者在三次产业分类法的基础上，引入了第四次产业（也称"智慧产业"）和第零产业，他们将与信息、知识和数据等的生产、搜集、存储、加工、传播和服务相关的多种行业归结为第四产业。王奇和叶文虎在《可持续发展与产业结构创新》一文中，将废物再资源化产业和环境保护与建设产业分别归结为第四产业和第零产业[95]。这种产业分类方法对生态文明建设的产业结构研究具有重要的启示和参考价值。

第三节　产业结构的演进趋势

国民经济中全部经济资源在各产业中的配置结构即产业结构，随着世界经济快速发展，经济全球化趋势也越来越明显，再加上技术的迅速扩散，使国民经济中的资源配置不断发生改变，进而产业结构也随之改变。产业结构演进的新趋势是对社会资源的重新分配，是经济增长模式转变的标志。经济发展模式逐步由粗放型向集约型、节约型、生态型和低碳型转变，同时要求产业结构做出相应转变来适应经济的发展。加上当代社会可再生资源和能源的日益贫乏，对环境的重视程度逐步加深，使各产业之间融合程度加深，关联效应加大，创新进度加快，从而使产业结构逐步呈现高度化、合理化、生态化的发展趋势，这也是生态文明建设的产业结构体系构建的基本要求。

一、产业结构的高度化

产业结构的高度化是指资源的优化配置程度和产业整体素质的高低。从资源的配置角度来看，产业结构高度化可以理解为产业发展过程中资源配置在农业、工业和服务业依次推移的过程。一方面，产业结构的高度化是产业技术水平、产业规模、产业效益等各个因素全面提升的过程[96]；另一方面，产业结构高度化也表现在各产业内部结构的转变上[97]，如第三产业内部的日益多元化。

随着社会的发展，社会需求结构的改变必然影响产业结构的调整，而科学技术水平的提高能直接促进产业结构的高度化发展。邓小平指出"科学技术是第一生产力"，科学技术的进步在短期内促进某一个企业或者企业的某一个部门生产水平的提高，随后它就会扩散到其他企业或部门，进而促进整个产业生产水平的提高，最终必将带动整个产业结构的转变。科学技术的进步提高了生产力水平，使资源的利用效率提高，劳动成本降低，进而提升生产效率。随着社会的不断进步，人类对自然环境的认识不断深入，环境保护和资源节约意识逐渐增强，构建人与自然和谐共生发展已成为全社会的普遍认识，产业结构的高度化演进是生态文明建设的产业结构体系构建的必然要求。

二、产业结构的合理化

产业结构合理化是指各产业内部能保持合理的结构关系和比例关系，不同产业间相互协调、有较好的产业结构转化能力、良好的产业环境改变适应力，能保证产业的持续、协调发展。合理的产业结构可以充分利用资源，保证经济的持续、健康和快速发展，促进经济效益和环境效益的提高，实现社会总需求和总供给的平衡[98]。

合理的产业结构是对资源的优化配置，能够提高资源的产出效益，因此产业结构的合理化是实现资源优化配置的客观要求。例如，第一、第二、第三产业之间的地位随着经济发展阶段的不同要做出相应的调整，以及产业内部各部门之间的协调是实现该产业繁荣的客观基础，因此，在提高各部门之间关联程度的同时更要使其合理化。

建立产业与产业以及产业内部各部门之间合理的关联方式，提高产业之间地位、素质、增长速度和联系方式的协调程度，实现产业结构的合理化，这是实现国民经济快速健康发展的要求，是实现经济和环境效益达到"双赢"的基本要求。产业结构合理化是产业结构优化、产业结构升级的目标，也是生态文明建设的产业结构体系构建的必然要求，生态文明建设必须要有合理的产业结构作为支撑。

三、产业结构的生态化

20 世纪后期，工业发展达到了空前的高度，产业活动所造成的各种环境问题日益显现，环境危机日益加剧，生态危机四起，暴露出以资源的高投入、高消耗和高排放为基础的工业模式的弊端，人类开始深刻反思工业文明的产业发展方式、生产方式和消费方式，转变经济发展模式、建立生态化的产业结构体系已成为人类可持续发展的必然要求。事实上，人类原始文明、农业文明和工业文明的产业发展是不考虑或极少考虑环境的承载能力和资源的承载能力的，由此形成产业发展的路径依赖性，使产业发展、产业结构的演进与自然生态环境的承载能力和资源的承载能力的矛盾日益突出，人们迫切要求产业结构的生态化转型。

产业结构生态化基于自然生态环境系统的承载能力，在企业内部实施清洁生产，在企业和产业间实现资源的循环再利用，减少产业废物的输出，提高资源的利用率，充分利用可再生资源和清洁能源，降低废物对环境的影响，实现产业发展与生态环境的协调。随着清洁能源开发和利用技术、低碳技术、产业链接技术、资源梯级利用技术、信息技术等技术水平的不断提高，资源的循环利用水平不断提升，可再生资源、能源利用强度不断加大，产业活动对环境的影响水平不断下降，从而使产业结构生态化有了强有力的技术支撑和保障。

产业结构生态化是世界产业和资源环境实现可持续发展的根本途径，是协调人类与环境关系的调和剂，符合产业结构演进的基本趋势。为了实现经济与环境的协调发展，实现经济效益、环境效益和社会效益的统一，构建生态化的产业结构体系是生态文明建设的必然选择。

四、产业创新与产业融合

产业结构高度化、合理化和生态化的实现途径是产业创新和产业融合。产业创新是指技术创新或新产业的形成，或是对一类产业的彻底改造。产业创新是将一系列要素的新组合引入产业发展体系，通过技术发展，实现产业经济和产业结构体系质的转化的过程，并伴有新技术或新产业的形成。通过产业技术创新，可以提高资源的利用效率，优化自然资源的配置，实现废物循环利用，实现产业结构的高度化、合理化和生态化。产业创新通过创新产业来满足社会新的需求，产业创新、新产业的产生一定是符合社会需求的，因此产业创新对促进产业结构优化具有重要的意义。

产业融合是包含技术融合、产品融合、产业融合和市场融合等的一个系统概念。一方面，产业融合通过促进新技术的融合，可以融合更多传统产业，改变原有产业的生产和服务方式，促进产品和服务结构的升级，进而促进产业结构的升级；另一方面，产业融合可以促使市场需求、供给结构及产业间关系不断趋于合理化。总之，产业融合作为产业创新的一种基本形式，能有力推进产业结构的优化和发展，从而导致产业结构的改变，这是实现生产力进步及产业结构高度化、合理化和生态化的必然趋势。

第四节　产业关联与产业关联效应

对产业关联的分析是研究产业结构演进和变化的重要内容，也是进行产业结构调整、产业布局优化和主导产业选择等需要首先进行的工作，而产业关联效应和产业关联度是指导产业政策制定、产业结构优化、产业链构建和产业要素合理配置的关键指标。我国作为一个发展中国家，在各区域产业的发展、主导产业的选择上，应以产业关联度大、产业关联效应好、带动作用强的产业作为优先发展对象，通过产业间的关联作用促进产业结构的优化升级与经济发展。生态文明建设的产业结构体系构建必须充分考虑产业关联方式。

一、产业关联的基本内涵

产业间和产业内部各行业间的关联方式是普遍存在的，它是指在产业生产过程中，各种不同产业之间和同一产业内容不同行业之间所存在的丰富、复杂和密切的技术经济关系，而对这种技术经济关系研究所形成的产业关联理论，主要是揭示生产、交换、分配和消费等产业活动过程中所发生的数量比例变化规律。产业关联涉及产品和劳务关联、技术关联、价格关联、就业关联以及投资关联等内容。

二、产业关联效应的内涵

从产业链视角来看，产业关联是指不同的企业个体处在相同或是相近的产业链上的作用关系，产业关联有前向、后向和横向等方式。前向关联是指与其他产业通过供给关系而发生的关联；后向关联是指与其他产业通过需求关系而发生的关联。Porter 指出业务单元之间的关联分为有形关联（产业链中的技术、资源的共享）、无形关联（产业链之间管理、知识等相关无形技能的共享）和竞争性关联[86]。因此，产业关联效应是指一个产业通过自身的发展对其他相关产业的发展产生的直接或间接的影响效果。由产业关联及产业关联效应的定义可以将产业关联效应分为前向关联效应和后向关联效应。本书从市场、生产及技术三个层面对产业关联效应进行分析。

三、产业关联效应的形式

产业关联效应主要表现在如下三个方面。

1. 市场层面主要表现为市场关联效应

市场关联效应是指由与市场相关的各种活动引起相关产业发展的作用效果。市场关联效应来源于销售、购买、营销等与市场相关的各种共享活动。市场层面的后向关联效应是通过改变上游产业而对产业链产生影响的，其来源于本产业的进入对投入中间产品的市场规模的影响。如果中间市场规模扩大，中间产品的供给量将会增加，从而提高了中间产品的市场竞争强度，致使其价格降低。市场层次的前向关联效应是通过改变本产业下游产业而对产业链产生影响的。产业在生产下游中间产品或最终产品时，后向关联效应的存在，使本产业的同类产业的生产厂商也可以从多样化且价格低的中间产品中受益。

2. 生产层面主要表现为生产关联效应

生产关联效应是指生产环节中相互关联的各种活动对产业发展引起的作用效果。生产关联效应来源于产品的制造、检测与维护等一些上游价值活动的共享。如果中间产品市场生产采用规模报酬递增技术，那么生产成本和价格水平将会出现不同程度的降低。同样，如果消费市场生产者增加，那么本产业当地生产的投入品的总需求将会不同程度的增加，这就引起了产业后向关联的形成。后向关联的形成导致当地企业生产成本的下降，引起对本产业产品的需求增加，又引起产业前向关联的产生，进而加速了产业的投资与产出。

3. 技术层面主要表现为技术关联效应

技术关联效应是指技术开发环节中相关的各种活动对产业发展引起的作用效果。技术关联效应来源于产业链的开发活动的共享，这一关联效应集中表现在对技术开发成本的影响上。产业链中企业在资源开发时通过技术的协同与充分共享，在降低产品研发成本与扩大研发规模的同时还大大提升了产品的创新空间。在整个产业链中，通过前向关联，企业借助于为下游企业提供产品的重要技术指导、相关人员的培训、先进的营销方式等来为下游企业开辟广阔的销售渠道。通过后向关联，下游企业通过帮助上游供应商建立生产设施、提供信息支持等方式来促进上游企业的市场基础的建立。上下游企业在产业链中充分发挥自身优势，在自身发展的同时，通过互利互助的方式，促进了整个产业链在技术及管理等各方面的快速进步。

第五节　本 章 小 结

本章在对产业的基本含义、特征和产业构成系统要素，以及产业结构的分类进行分析的基础上，研究了产业结构的高度化、合理化和生态化演进趋势，以及它们与产业创新和产业融合的关系，指出产业结构高度化、合理化和生态化的实现途径是产业创新和产业融合；产业融合能有力推进产业结构的优化和发展，从而促使产业结构发生改变；生态文明的产业结构体系的构建需要关注产业关联和产业关联效应。

第五章　生态文明建设的产业系统分析

人类文明的维持和发展总是与社会物质生产方式相联系的，物质生产方式的每一次飞跃，都会引起文明形态的改变，而社会物质生产方式是产业系统演进的表现形式。本章首先分析人类文明演进过程中产业系统的结构特点、演化规律及产业发展的促进作用，进而对生态文明的产业基础和演化动力机制进行分析，在此基础上，明确生态文明与产业的关系和生态文明建设及其产业结构体系构建的关系。

第一节　人类文明发展的产业基础分析

一、人类文明各阶段的产业结构特点

人类文明的发展是生产力提高的集中体现，人类文明的进步是各阶段的生产关系不断适应生产力发展的过程，而生产关系的物质基础是人类文明各阶段的产业系统。人类文明的进步是由社会需求所催生的具有时代性的产业系统支撑的，文明的先进性体现在承载着先进的产业文明上，这些产业系统的发展和演进是人类文明进步的标志，即产业结构的不断向前演进变化昭示人类文明的进步。图 5.1 为人类文明的演变过程①，人类文明经历了三次转变，形成了四个时期，各时期的产业结构基础各不相同。其中横坐标表示社会生产力结构，纵坐标表示文明发展水平。

依据第三章的分析，本章从人类文明发展的四个阶段，即原始文明阶段、农业文明阶段、工业文明阶段和生态文明阶段，来研究其产业结构特点。

1. 原始文明阶段

原始文明阶段是指整个石器时代。从四大文明古国的遗址和遗迹可以看出，在人类社会出现后的很长时间内，人类的生产活动依然是简单的狩猎和采集，直到石器、弓箭和火等重要生产工具及方式的出现，生产力才大幅度提高，同时生

---

① 何传启. 中国现代化报告 2011. 北京：北京大学出版社，2012.

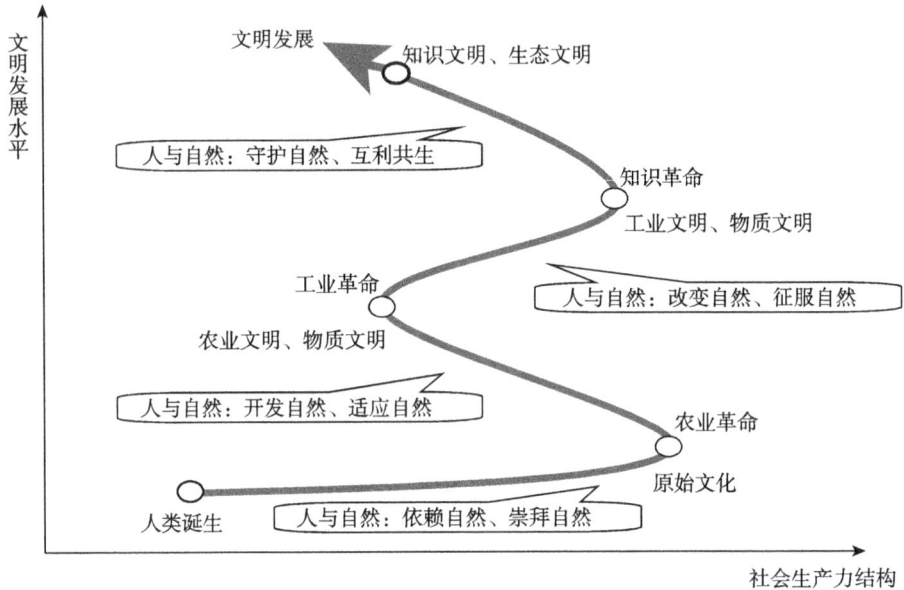

图 5.1　人类文明演变过程

产方式才告别了原有的单一化模式，但仍未形成产业的结构模式。四大文明古国都具有适宜农耕生产的流域，到原始文明的后期，大规模农作物栽培的出现表明农耕文明渐具雏形，则说明原始文明孕育了农业文明。

2. 农业文明阶段

随着青铜器和铁器的出现，人们有了改造自然的能力，生产力也随之有了质的飞跃，随着东西方文明的繁荣，人类文明进入了影响人类发展的重要阶段——农业文明阶段。马克思在 1867 年出版的《资本论》中所提的"经济基础决定上层建筑"，表明产业结构决定政治文明和精神文明，本节将从农业文明的初期和成熟期两个时期来研究产业结构的变化，旨在揭示文明演进下相应的产业结构变化。

农业文明形成阶段的产业结构特点是"天人合一"，并延续着单一的农耕方式。此时社会的生产力低下，人类活动的空间局限于靠近河流的流域，生产方式还是以简单的渔猎、采集为主，农业种植为辅，虽然处于农耕时代，但对自然还处于盲目崇拜之中，人与自然保持着一种原始、低级的平衡状态。例如，我国古代对原始文明中农业产业的描述多为"物"态，老子的"人法地，地法天，天法道，道法自然"的言论表明了"物"与人之间存在相辅相成的和谐关系，庄子的"万物皆一""道通为一"也说明了这一点。儒家以仁义思想为核心，把人类社会的道德属性赋予自然界，引导人们按照社会的伦理规范去实现人与自然的和谐统一。综合分析，此阶段的产业结构特点是单一、自给型的农耕模式，很大程度上受自然环境的制约。

　　农业文明成熟阶段始于东西方文明的繁荣时期，此阶段的产业结构特点是劳动力主要集中在农业发展上，生产方式从单一化向农工业多样化发展，孕育了工业文明。随着奴隶社会和封建社会的发展，土地成了这个阶段重要的生产要素，但生产还依赖自然系统。农业在产业中占据重要地位，农耕技术的逐渐成熟，生产力的迅速提高，使劳动力出现了剩余，此时社会频繁出现了为争夺土地而爆发的战争，战争造就了国家对铁制品（如弓、刀、盾牌）的需求，使铁制品的产业规模越来越大、技术创新越来越多，形成了工业型产业的雏形。工业文明的诞生与农业文明的矛盾逐渐凸显，农业浑然天成的地位不再牢不可破。工业生产体现了生产力的飞速提高，使这个阶段的生产方式得到多样化发展，是演化过程中的过渡阶段。

3. 工业文明阶段

　　18世纪英国工业革命开启了人类现代化生活，工业革命将社会文明带入了工业文明阶段，此阶段劳动力从单一的农业市场转移到工业和农业两个市场上，生产方式则逐渐以工业为主体，农业成为基本物质供给产业，工业文明通过分工实现社会化大生产。本节基于已有文献研究和亚当·斯密对资本积累和劳动分工理论的描述，将工业文明分为四个阶段进行研究（图 5.2），其中四个阶段的分类标准是消费资料和资本资料的比例变化。具体阶段的产业结构特点如下。

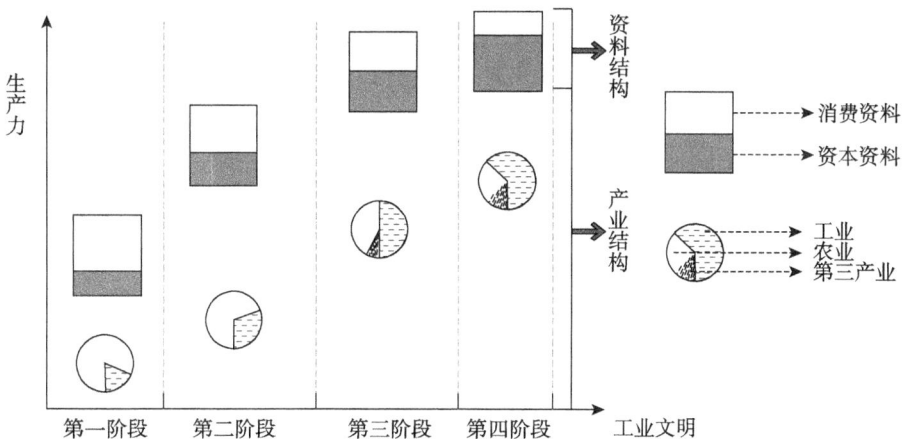

图 5.2　工业文明阶段的产业结构变化图

　　第一阶段：土地作为重要的生产要素越来越受到重视，因此爆发了轰轰烈烈的圈地运动。劳动力开始由农业向工业转移，大规模生产方式开始取代手工业生产，工业革命打破了英国的二元经济结构，生产要素和生产方式都向多样化发展。

综上分析，这就是以农业为主体向农工业混合型产业结构过渡的阶段。

第二阶段：工业迅速发展并占据劳动力市场的较大份额，大规模生产取代传统的手工业生产，并成为主要的生产方式，但开始出现人与自然的不和谐现象。此阶段的产业结构特点是以劳动密集型工业为主，工业已取代农业成为主要产业，而资本资料迅速增长，直接影响到消费资料的地位。例如，亚当·斯密、大卫·李嘉图和恩格斯的资本构成研究指出：在资本积累和积聚、产业结构不断变化的过程中，社会矛盾和人与自然的矛盾都开始凸显[99]。此阶段属于工业迅速增长的阶段，在其大规模生产和劳动力大幅度转移的过程中，人与自然原有的和谐已被打破，出现了环境污染和资源浪费的现象。

第三阶段：工业开始占据统治地位，农业变为人类文明发展的物料供给产业，随着高新技术广泛应用，生产力大幅度提高，生产关系开始制约生产力的发展，出现了第三产业的萌芽。此阶段消费资料和资本资料已经不分伯仲，农业已成为工业生产的物质基础，其主要作用是为整个社会生产提供基本的物料供给，维系人与自然的和谐关系。但工业生产需求已超越了自然的承载力，使人与自然的矛盾加剧，如罢工、战争和灾害频发。在工业革命的浪潮中，技术创新造就了新产业的形成——高新科技产业开始出现，产业结构呈现多样化和现代化的特点。

第四阶段：工业占据了社会生产的统治地位，第三产业开始兴起，产业结构趋于稳定。此时经过了工业的迅速发展，生态产业随之迅速发展，这就削弱了人与自然的矛盾，使整个社会的产业结构暂时稳定。在各国政府的扶持下，传统污染严重的工业开始向生态工业转变，生态农业发展较为成熟，则生态产业逐渐占据重要地位。此阶段的资本资料占据主要地位，与消费资料形成了合理的比例分配。

综上分析，工业文明阶段劳动力开始以工业发展为主体，从农业中逐渐分离出来，农业成为工业和第三产业的物质基础，三层次的产业逐渐形成稳定趋势。第三产业的发展弥补了工业革命形成过程中出现的文明畸形，使人与自然关系的激化程度逐渐减弱。

4. 生态文明阶段

生态文明阶段是从人们开始关注环境和气候的时期至今，是农业文明、工业文明发展的更高阶段，它摒弃了工业文明的不适宜的生产方式和消费方式，是建立持续、和谐发展道路的阶段。

此阶段中，产业结构处于相对稳定状态，农业为整个社会提供了产业所需的物质和基本能量，工业维系着整个社会产业的结构基础，第三产业以其科技创新能力为农业和工业两大产业提供技术和服务支持，三大产业相互联系、相互促进，共同维系着人与环境的和谐。生态文明已从人与环境间物质上的转换变为人与环境间的能量交换，同时其生产的产品已从实物发展为"虚物"。2009年12月的哥本哈根气候大会反映了人类社会对环境的重视，也说明世界各国为维系人与环境的平衡而加强国际合作。世界各国都实施了相应的生态产业规划，我国"十二五"规划更是将生态产业作为未来发展的重要产业，将新能源产业开发和发展作为此后五年发展的核心，生态产业已成为经济可持续发展的必需产业。

劳动力在三个产业中的流动趋于稳定，达到一种均衡，其中劳动力转移的趋势与三大产业的变化趋势是相同的。生态文明时期，劳动形态由体力型劳动转变为智力型劳动，生产的产品由物质性产品转变为精神性产品，产业类型由劳动密集型转变为资金密集型、技术密集型和知识密集型；生产方式呈现出多样化，由手工业、大规模生产发展为高科技化、高集约化和高创新化生产方式，向着智能累进和低耗发展，旨在实现人与自然和谐。随着劳动力资源和能量、物质资源的合理分配，形成了以农业为物质基础，以工业为生产主体，辅以第三产业发展的产业结构体系。

综上分析，生态文明阶段的产业结构相对稳定，生态产业成为主导产业，第三产业和生态工业是主要生产产业，农业为整个产业系统提供物质和能源。生态文明阶段产业结构的动力源泉是科技发展、产业创新和生产力的发展，反过来，生态文明也能提高生产力，促进人与自然系统的协调。

二、人类文明各阶段的产业演化规律

将人类文明的发展历程及各文明阶段中产业结构的变化进行综合分析，归纳得出基本的产业演化规律。

1. 循序渐进的规律

马克思在《资本论》中提到，在人类文明发展的过程中，生产力不断提高，生产方式逐渐变化以适应生产力的发展。循序渐进规律包括各类产业循序渐进规律和整体结构循序递进规律，各类产业循序渐进规律是指各类产业在不同时期中表现出来的循序渐进的规律，而整体结构循序递进规律是指在人类文明演化过程中，整个产业的演化规律。两个规律相辅相成，在人类文明整个进程中产业系统整体发展迅速而各产业的发展各有特点。首先，农业在整个产业中所占比例逐渐下降，在原始文明、农业文明及工业文明的初期，农业都是核心产业，但到工业文明和生态文明时，由于工业和第三产业的兴起，农业退居第三，成为整个产业系统的物质能源提供产业，但农业的生产力是随着人类文明的进步逐渐提升的。其次，工业从小规模的手工业发展为大规模的工业，由小型的轻工业发展为大型的重工业，由污染较重的工业转型为生态工业，在人类文明演进中工业系统呈现高效化、高集约化、结构化和高科技化，霍夫曼工业化模型充分演示了这一规律。

最后,第三产业较早在发达国家出现并发展,虽然发展中国家第三产业的发展受到经济条件的制约,但随着工业革命的完成及人类自然环境保护意识的提高,第三产业凭借其合理化、高度化和生态化的特点迅速成为生态文明建设的主要产业,并随着生态文明建设而循序渐进地发展。

2. 转移加速规律

在人类文明的产业结构演化过程中,生产资料、劳动力要素和资源要素等在三大产业间的转移可归纳出转移加速的规律,马克思理论中商品的价值理论正好诠释了这一规律。该规律包括时间上的运动和空间中的运动,具体表现如下。

从时间上的运动来看,劳动力和生产资料的转移加速表现为渐进中加速和突变中加速(图 5.3),渐进中加速主要是指各个产业都在循序渐进,而各个产业造成的生产力不均使劳动力的转移速度逐渐变快,即劳动力从农业向工业、第三产业的转移在渐进中加速;而突变中加速的动力因素是科技创新,正是科技创新使产业发展在渐进中出现了突变的过程。例如,英国工业革命和中国改革开放,工业革命是指从瓦特改良蒸汽机到蒸汽时代的整个阶段,在此时期生产的所有高新技术产品,均出自科技创新,也就给予工业突变加速的机会,使工业占据主要地位的时间缩短了很多。中国改革开放也是引入了国外高新科技来进行创新,才形成了大规模的国际企业群,同时使中国工业飞速发展。

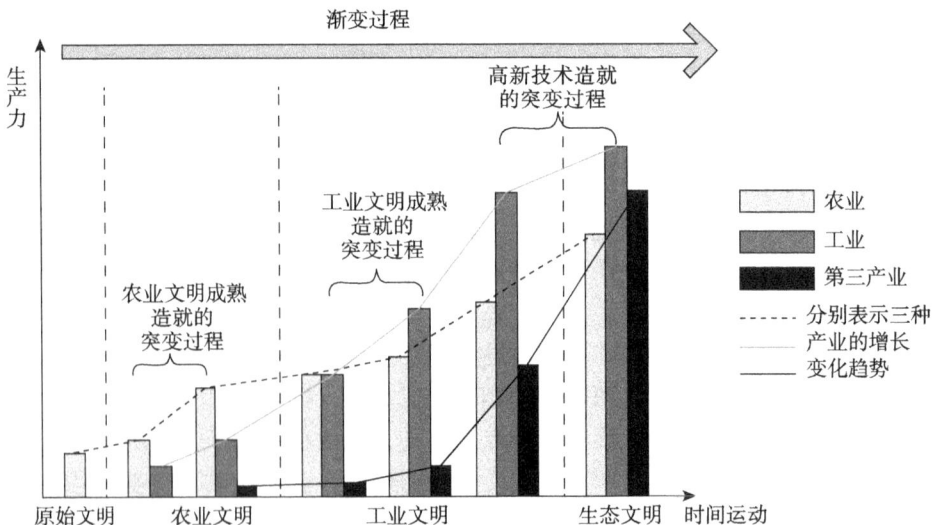

图 5.3　时间运动中的转移加速规律

从空间中的运动来看,主要的转移加速表现为纵向转移加速和横向转移加速(图 5.4)。纵向转移加速是指一个国家内劳动力在不同产业间的转移加速和生产资料在消费资料和资本资料间的转移加速,具体是指各个国家在发展产业过程中劳动力在本国间出现的转移加速的规律。横向转移加速是指在世界范围内，不同国家之间劳动力和生产资料的转移加速，正如赤松的雁行形态理论所示：工业革命期间，劳动力从非洲、亚洲等农业型大国向美洲、欧洲等工业型大国的转移速度明显加剧，依据工业革命期间霸权国家的劳动力统计可知，来源于亚非等地的奴隶或工人迅速增加。同时随着发达国家生产力的提高，其对生产资料的需求越来越大，造成生产资料从欠发达国家向发达国家转移，且转移的速度随着生产力的提高而不断加快。

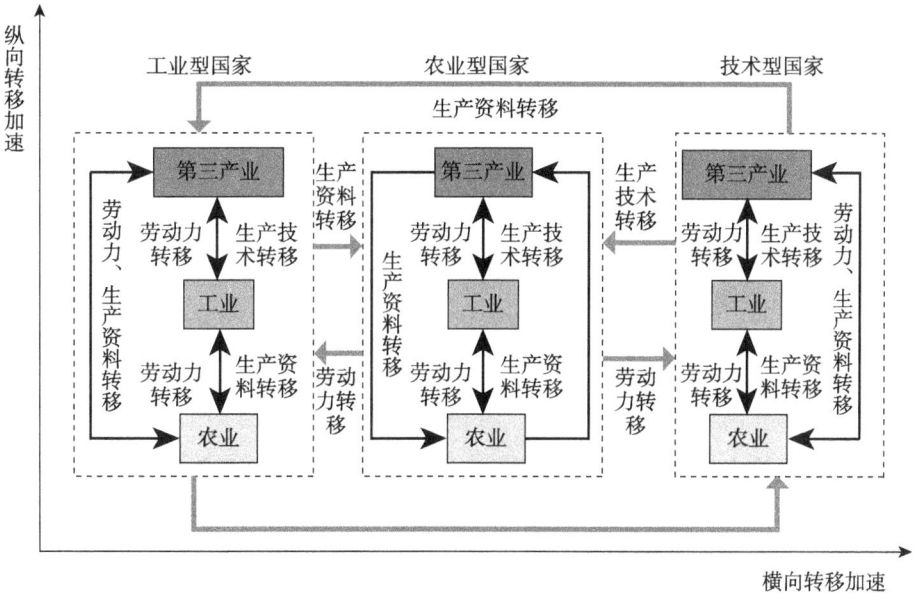

图 5.4 空间运动中的转移加速

3. 集约转化规律

集约转化规律是指随着生产力水平的不断提高，产业结构不断发生变化，主要体现在劳动力、资本、技术和知识在三个产业层次中的转化。配第-克拉克定理充分说明了在人类文明发展过程中劳动力转移的规律：在三次产业变化过程中，劳动力资源一直在三个产业间转移，总体趋势是从农业产业向工业产业和第三产业转移，整体的产业架构由劳动集约型向技术密集型、知识密集型转移。马克思在《资本论》中研究的资本结构变化也充分说明了劳动力、技术、资本或知识在三个产业层次中的转移。随着生产力的逐渐提高，集约转化规律除表现在劳动力转移规律外，还包括土地、技术和知识的集约转化规律。从《资本论》级差地租中可以看出土地使用的变化规律，土地资源在集约的过程中，土地资本在三大产业中不断转移；亚当·斯密和大卫·李嘉图在研究土地资源的变化和边际效益时充分显示了土地集约在产业间的转移规律。土地资源的集约转移规律和劳动力的转移规律类似，而知识和技术的转移规律则与之相反。

4. 层次叠加规律——孕育理论

黑格尔"正反合"理论和库兹涅茨法则说明了人类文明进程中重要的规律——层次叠加规律，即《产业塔论》中的孕育理论[100]。层次叠加规律是指在整个人类文明的进程中，生产力是不断叠加进步的，又在两个文明交接更替的过程中体现了各个阶层的层次性。当一个文明在兴起、成熟和衰落的过程中孕育着下一个文明时，文明更迭过程是渐变而不是突变的，体现了人类文明发展过程的叠加规律。马克思在《资本论》中描述：一个新的社会的形成的基础是资本的积聚和积累，则人类文明的发展过程也伴随着不同类型社会的更迭，使产业结构表现出层次叠加的规律。中国《长短经》中有言："今时移而法不变，务易而事以古，是则法与时诡，而时与务易，是以法立而时益乱，务为而事益废。"说明新的法政必须孕育在旧的法政当中，否则将失去其效益性，从另一个层面说明了在人类文明发展过程中孕育理论的规律。

5. 阶段性规律

除了一般规律外，人类文明在不同阶段的产业演化中也呈现出阶段性规律，每个阶段都独具特点，其中主要特点是各个产业的生命周期性、产业地位和性质的变化。

原始社会产业表现了与原始文明相应的特点，没有真正意义上的生产工具，仅仅依靠简单的工具进行渔猎，维系那种传统淳朴、依靠自然生活的产业方式。农业文明阶段的产业规律为复杂性和动力特性，农业在人类文明的长河中逐渐形成并稳定发展，同时在文艺复兴时期开始孕育工业，这个阶段的产业还是集中在以大规模农业生产为主上，生产还是依赖自然。工业文明阶段的产业规律表现为快速学习创新性和动力特性，其中生产力的方式为蒸汽生产，生产组织方式由农业文明时代的工场变为工厂，产业结构中工业的地位和比重逐渐上升并在工业革命后成为第一大产业，但盲目追求经济效益使人与自然关系的恶化程度逐渐严重。

生态文明阶段的产业规律表现为稳定性和学习创新性，其中生态产业悄然兴起并逐渐占据重要地位，生产力变为知识、技术生产，生产组织方式由劳动密集型向技术密集型、知识密集型转移，产业结构在生态化的社会结构的引领下变得更为稳定，三大产业相互协调，重新回归到农业文明时代的理念，追求人与自然的和谐[101~103]。

三、产业发展对人类文明的促进作用

从产业发展和演进规律可知，产业演进不但促进了人类物质文明的发展，而且推动了精神文明、政治文明和生态文明的发展。例如，在欧洲农业文明时期，产业高速发展带动了文艺复兴运动，而我国唐朝时期发达的农业造就了古代文明盛世。两次工业革命不但改变了产业结构，而且使整个时代的文化迅速发展起来、社会中政府诱导性越来越强、产业拥有更强的自主学习创新能力。因此，产业演变对人类文明的演进起着至关重要的作用，具体表现在如下方面。

1. 产业结构变化是人类文明演进的物质表现形态，促进了新文化的产生

人类文明演进的标志是文化的更迭，而新文化产生的最大动力来源是产业结构的变化。农业文明源自奴隶社会，发展成熟于封建社会，其标志为农业经济、政治的形成，以及对工具的大规模制造和使用，其中农业的高速发展、变革及其带动的封建文化的形成促使农业文明产生。工业文明始于 1763 年第一次工业革命，产业结构逐渐实现机械化成为工业文明的标志。生态文明的产生是基于人类对长期以来主导人类社会的物质文明的反思，自然资料的有限性决定了人类物质财富的有限性，人类必须从追求物质财富的单一性中解脱出来，追求精神生活的丰富，才可能实现人的全面发展，这无疑是人类社会形态发生根本转变的原因，即人类文明演进的标志。

2. 产业结构的生态化促进了生态文明的形成

产业结构生态化的过程依据的是环境承载力理论，表现了产业对环境的适应性，体现了产业的多样性和环保产业的迅速崛起，这些因素促进了生态文明的形成。具体表现为：首先是产业对环境的适应性，体现了生态文明的本质——人与自然的和谐，在分析产业发展中的资源禀赋和生态环境的条件下，比较分析各个产业的优劣势，以实现产业更好的发展。其次是产业的多样化发展，体现了生态文明中各个产业间的协调——产业间的和谐，是在传统农业和工业发展的基础上充分发展第三产业，以达到资源的合理化分配。最后是环保产业的发展，体现了生态文明中专属角色——拟生物系统中的分解者，其加强了资源的优化利用，实现可持续发展，回归到人与自然的和谐。综上分析，产业结构的生态化是生态文明产生的基础，促进了生态文明的发展[104]。

3. 产业结构合理化促使生态文明中人与自然的和谐

产业结构合理化，即在已有技术的基础上实现各产业间的协调，旨在以最少的成本，获得最高的效益，并实现产业发展过程中产品规格的标准化。产业结构的合理化实现了人与自然的和谐，促进了生态文明的发展，具体涉及产业间各种关系的协调，其中各种关系的协调包括各产业间在生产规模上比例关系的协调、产值结构的协调、技术结构的协调、资产结构的协调和中间要素结构的协调[105]。

4. 产业结构的高度化是加强生态文明建设的理论基石

产业结构高度化，即产业结构依据经济发展的历史和逻辑序列从低级水平向高级水平的变化,具体体现在高加工度化、高技术化和高集约化,体现了生态文明建设当中的高效性、创新性和低成本性。其中产业结构高度化具体表现在如下方面。

(1)如演化规律中的转移规律,产业结构由第一产业占优势比重逐级向第二、第三产业占优势比重演进。

(2)如集约化规律所示,产业结构由劳动密集型产业向资金密集型产业、技术密集型产业和知识密集型产业演进,符合生态文明中的产业结构组成。

(3)由制造初级产品的产业占优势比重向制造中间产品、最终产品的产业占优势比重演进[106]。

5. 产业结构生态化、合理化和高度化的统一推进人类文明的发展

例如,马克思所言:"社会资本再生产理论揭示的社会化大生产的客观必然性,产业结构合理化是产业结构高度化的基础;产业结构高度化是产业结构合理化的必然结果。"产业生态化、合理化和高度化的统一促进人类文明的可持续发展,能使人与自然达到真正的和谐统一,做到更高层次的"天人合一",推进产业结构优化是我国实现生态文明建设及生态文明发展的一项长期任务。

第二节   生态文明的产业基础分析

第一节已从人类文明的进程角度分析了生态文明中产业结构的动态特点,稳定性、协调性和统一性是生态文明阶段产业的基本特点,本节将从产业的生态化、合理化、高度化及统一化静态分析生态文明的产业特点,并分析我国生态产业的发展及生态文明与生态产业的关系,来夯实生态文明的产业基础。

一、生态文明的产业特点

生态文明的产业结构主要包括以下几个方面。

1. 高新技术产业比重大,环保产业发展迅速

依据第一节分析,生态文明阶段的产业结构趋于稳定,达到了一种均衡状态:农业趋于稳定,工业和第三产业处于主导地位,其中高新技术产业所占比例较大,三大产业中的环保产业逐渐成为主导产业,三大产业在环境效益、社会效益和经济效益的促使下达到了一种均衡的和谐状态。

生态文明的产业结构中,由于三种产业都需要创新技术,所以技术创新产业贯穿整个产业,其所占比重很大。而环保产业作为生态文明特有的产业发展迅速,其拥有与生俱来的职责,在生态文明的产业结构中扮演着重要角色。较之农业文明和工业文明,第三产业在整个产业中已牢牢占据第二的位置,其中技术创新产

业和环保产业蓬勃发展并迅速占有相当比重的市场；工业已由传统工业变成生态工业，其中产业创新和产业融合越来越被重视；农业成为其他两类产业的基础，在技术创新的基础上实现机械化、信息化和与环境资源的和谐化。

2. 产业结构合理化

生态文明的产业结构重要特点之一是产业结构合理化，因为生态文明追求的是人与人、人与社会、人与自然的和谐，旨在实现资源在各产业中的优化配置，因此，生态文明的产业结构只有符合合理化的特点，才能实现三大产业间的物流、信息流和资源利用的最优化，以最小的成本使各产业获得最好的收益。生态文明作为物质文明和产业文明的发展形势，反作用于产业发展，使其产业间横向和纵向的资源转移更为合理化，符合产业演化规律中的转移规律。生态文明的产业结构中生态工业和第三产业占据 4/5 的比重，而农业仅占 1/5，三大产业的劳动力和土地等生产要素的比例是 2：2：1，生产要素的分配和各产业的比重相符，充分说明了其产业结构合理化水平。

3. 产业结构高度化

生态文明的产业结构的另一个重要特点是产业结构高度化，主要表现为生产力水平向高水平产业发展；产业中的产品由最初简单的制造产品变为具有高技术含量的终端生态产品；产业类型由劳动密集型变为具有高技术创新的知识密集型和技术密集型。生态文明中人与人的和谐及人与社会的和谐是由产业高度化来实现的，依据我国 GDP 统计可知，高新技术产业、知识密集型产业所创造的价值占GDP 的 80%，产业结构高度化实现了人类文明同时追求经济效益和环境效益的最大化，避免了如工业文明阶段的高经济利益与环境利益相互矛盾，同时也将农业文明阶段中人与自然的低级的和谐发展到高级的和谐。

4. 产业结构生态化

生态文明的产业结构标志性的特点是产业结构生态化，具体表现为产业活动是以环境、资源的承载力为前提的，具有环境的适应性；除了三大产业和高新技术产业外，还出现了环保产业，产业多样性更加适应全球化的发展，有助于资源在全球范围内的转移；从整个产业系统来看，生态化已经体现在产品的整个流程当中，从生产联系、技术联系到经济利益关系都以生态化为前提，实现了产业系统彻底融入自然系统。生态文明的产业生态化最大的优势在于消除了工业文明中产业系统与自然系统的矛盾，在农业文明的农业系统与自然系统和谐的基础上，使工业、第三产业与自然系统达成和谐。

5. 产业结构的高度统一化

生态文明的产业结构系统是一个具有生态特征的系统，集资源合理化、高技术化、高集约化和产业生态化为一体，是高度统一的生态产业体系。如图 5.5 所示，生态文明的产业结构以三大产业为物质基础，产业结构的合理化、高度化和生态化分别体现了生态文明的人与自然的和谐、人与社会的和谐和众多因素的和谐。较之工业文明的产业系统与自然系统的脱节，生态文明体现了产业系统与自然系统的高度统一，体现了产业的整体性和可持续性。

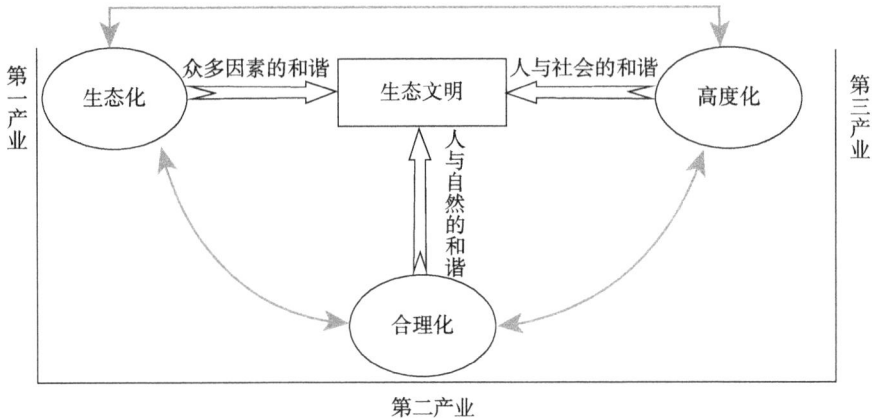

图 5.5　生态文明的产业结构

　　综上所述，生态文明的产业结构是在传统产业的基础上增加了生态性、集约性和系统性，比农业文明多了高度化、生态化、合理化，较之工业文明多了生态化。随着三大产业的比例结构的变化，其生态化、合理化和高度化也发生了相应的变化，但都是以产业系统为研究对象，最终追求的都是以最小的成本获得最大的收益，并且产业发展首先考虑资源的承载能力，以达到与自然系统的和谐。

二、生态文明的物质基础

　　以上产业结构特点明确了生态文明的产业结构，本节将重点分析生态文明的产业基础——生态产业。生态产业是继经济技术开发、高新技术产业开发后发展的第三代产业，贯穿在三大产业当中，是基于生态系统承载力、具有高效的生态过程及和谐的生态功能的集团型产业。而生态产业系统则是由工业、农业、第三产业及周边生态环境和生存状况所组成的一个低成本、高效益的和谐的有机系统。生态产业能够实现物流和能量流的转化，使资源的利用率达到最高，实现低成本、高效率地生产产品，在国内产业发展中占的比例越来越大。其中生态农业研究的代表人物有彭宗波、李军等，他们主要是在传统农业的基础上提出了生态农业的模式和可持续发展，但未能涉及具体操作措施[107, 108]；而生态工业研究的代表人物有郑四华、赵国庆、王兆华、袁增伟等，他们结合生态工业园分析了生态工业的形成、发展和稳定性[109~112]；而其他生态产业研究的代表人物有明庆忠、孙婷、杨桂华等，他们集中研究了生态服务业的发展和基本机制，均未从传统产业的进展过程中分析生态产业[113~115]。

首先，通过分析我国改革开放后三大产业在 GDP 中产值比率的变化，明确了三大产业的发展形势和发展规律（图 5.6），具体数据如表 5.1 所示。

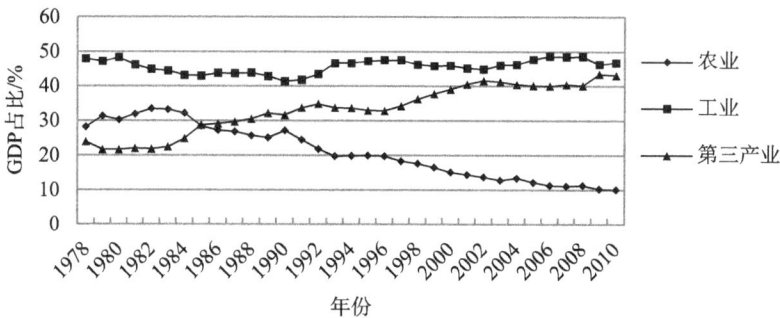

图5.6　我国三大产业的产业结构变化规律

表 5.1　我国三大产业在 GDP 中的产值比率（单位：%）

年份	GDP	农业	工业	第三产业	年份	GDP	农业	工业	第三产业
1978	100	28.2	47.9	23.9	1995	100	19.9	47.2	32.9
1979	100	31.3	47.1	21.6	1996	100	19.7	47.5	32.8
1980	100	30.2	48.2	21.6	1997	100	18.3	47.5	34.2
1981	100	31.9	46.1	22.0	1998	100	17.6	46.2	36.2
1982	100	33.4	44.8	21.8	1999	100	16.5	45.8	37.7
1983	100	33.2	44.4	22.4	2000	100	15.1	45.9	39.0
1984	100	32.1	43.1	24.8	2001	100	14.4	45.1	40.5
1985	100	28.4	42.9	28.7	2002	100	13.7	44.8	41.5
1986	100	27.2	43.7	29.1	2003	100	12.8	46.0	41.2
1987	100	26.8	43.6	29.6	2004	100	13.4	46.2	40.4
1988	100	25.7	43.8	30.5	2005	100	12.2	47.7	40.1
1989	100	25.1	42.8	32.1	2006	100	11.3	48.7	40.0
1990	100	27.1	41.3	31.6	2007	100	11.1	48.5	40.4
1991	100	24.5	41.8	33.7	2008	100	11.3	48.6	40.1
1992	100	21.8	43.4	34.8	2009	100	10.3	46.3	43.4
1993	100	19.7	46.6	33.7	2010	100	10.1	46.8	43.1
1994	100	19.8	46.6	33.6					

由图 5.6 和表 5.1 可知,农业在 GDP 中所占比重在 33 年内呈现持续下降趋势,其值从 1978 年的 28.2%下降到 2010 年的 10.1%,其地位也由 1978 年的第二位下降为第三位;工业占 GDP 的比重整体上呈现波浪式前进的趋势,其值从 1978 年的 47.9%演进到 2010 年的 46.8%,在 33 年间的最大值是 48.7%,最小值是 41.3%,波动幅度不大且其始终居于主导地位;第三产业占 GDP 的比重在 33 年间整体上呈现逐步上升的趋势,其值由 1978 年的 23.9%上升至 2010 年的 43.1%,其地位也由第三位上升为第二位。因此,我国的产业结构已由农工业主导变为工业和第三产业主导,农业已经沦为基本的物质供给产业。

其次,在三大产业演化分析的基础上,得出了生态产业的比例变化。第三产业是在 1985 年超越农业成为第二大产业的,而此阶段刚好是改革开放初具成果的时期,其中经济技术开发产业、高新技术创新产业迅速发展,生态工业开始建立。1996~1998 年是又一个快速发展时期,与此同时"生态共生理念"也在我国形成,高速发展的工业带来的污染处理成本已经超过其收益,生态工业开始形成,同时传统工业开始向生态工业转化。2008 年以后,随着大量生态工业园在大中型城市建立,生态产业的效益逐渐提高并占据重要地位,生态产业主要分布在工业和第三产业中,在农业中也有一部分,包括生态工业、生态农业、环保产业及其他生态产业。生态产业的系统要素包括经济性要素、制度性要素和产业创新要素,经济性要素和政策性要素已分析,产业创新要素主要体现在生态产业发展过程中的产业技术创新中。

最后,分析生态产业的发展前景。综上可知,生态产业作为新兴产业具有很强的竞争力,同时我国"十二五"规划提出了未来五年的重点是发展生态产业,生态产业此后会成为发展生态文明建设的重要工具。随着工业和第三产业的发展,生态工业、生态服务业、环保产业及其他生态产业将随之迅速发展,并在 GDP 中占据重要位置。虽然工业占据的比例一直在降低,但是其总的效益是逐渐提高的,所以生态工业也将在发展生态文明建设中起到关键作用。

三、生态文明与生态产业

对生态文明与生态产业的关系的分析,是以本节中有关生态文明的产业结构特点和生态产业的相关研究为基础的。根据《资本论》中"经济基础决定上层建筑,物质文明决定精神文明"的理论,可明确生态文明与生态产业的关系是精神文明和物质基础的关系,是上层建筑和经济基础的关系。生态文明的协同、共生、自生、整体和系统的理论是生态产业的理论基石,生态产业的发展带动生态文明的进步。

作为人类文明发展至今最先进的文明,生态文明具有稳定性、协调性和统一性，而对应的生态产业则有高集约化、合理化、生态化及高度统一化特点。生态文明追求人与人、人与社会、人与自然的和谐，而生态产业的发展是为了解决各个关系的矛盾，形成一个稳定的系统，在资源承载力的有效范围内以最小的成本收获最大的收益。两者间的关系具体可以从如下方面来分析。

（1）从其演进的过程可以明确两者的关系，生态文明的演进是以一种文化代替另一种文化为标志的，文化不断更迭，并持续着更高级的文化变更，而生产产业是改变原来的"资源能源—产品—废弃物"的生产方式，变为低消耗、高产出的产业，促使人与自然达到和谐。

（2）从创新的手段来分析，生态文明是通过文化的创新形成与生态有关的文化，并在文化的指导下，不断创新，完善相应的文化建设而形成的文明；生态产业则是在高新技术的基础上，提高三大产业对环境的适应性，通过不断创新形成新的产业以实现产业的多样性。

（3）从产业融合的角度分析，生态文明的协同理论和共生理论是生态产业发展的理论基石，使生态产业的内部、外部和系统的物质、能量和信息的交流协同共生，而生态产业的发展推动了生态文明的进步。

总之，生态文明是生态产业发展的理论目标，是生态产业演进的动力来源，而生态产业发展带动了生态文明的进步，和谐是生态文明和生态产业共同追求的目标。

第三节　生态文明的产业演进动力机制

生态文明建设的目标是实现经济、社会、自然的可持续运行与发展[116]，而产业系统是指维持经济、社会、自然和谐稳定的物质动力系统[117]。因此，对产业演进的动力机制的深入研究有助于经济社会发展和生态文明建设的良性发展。本节首先对生态文明的产业演进动力因素进行分析，进而分析其演进机制，并在此基础上分析其演进模式。

一、生态文明的产业演进动力

生态文明的提出是以相应的产业为背景的，生态文明也在不断发展着，因此，推动生态文明的产业演化的动力因素可以从内外两方面进行分析。

1. 内部因素

生态文明的产业演进存在着支配其运动的许多内部因素，主要包括技术创新、企业组织及资源环境，其结构如图 5.7 所示。

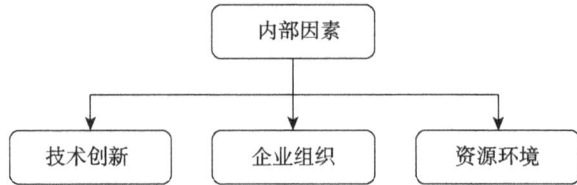

图 5.7　内部因素结构

　　以下分别对技术创新、企业组织、资源环境三个内部因素对生态文明的产业演进推动作用进行详细分析。

　　首先是技术创新。科学技术进步引起产品的升级换代，技术创新推动生态文明的产业演进，这就要求企业必须做出相应的组织调整和变革。技术创新对生态文明建设的产业演进的推动作用主要体现在两个方面：一是技术创新可以提高各部门的生产率水平，也可以提高资源的利用率，从而提高生态效益，符合生态文明建设的宗旨。二是技术创新引起各部门生产率的差异化，导致经济效益、社会效益、环境效益的差异化，显著的差异化必然导致产业结构的调整成为企业经济进步和生态发展的重要因素[118]。

　　总劳动生产率反映了资源的优化配置对经济发展和生态保护的贡献，它的提高不仅对经济发展具有重要的推动作用，而且其对"低投入、高产出"的追求可提高资源的利用效率，减少废弃物的排放，符合生态文明建设的宗旨。因此，总劳动生产率的提高在一定程度上可体现生态效益的增大。技术创新可提高总劳动生产率，即提高资源的配置效率，其方式是通过相关技术的开发与应用将劳动、资本及其他生产要素从低生产率的传统产业向高生产率的高新技术产业转移，从而提高经济、社会和环境效益，促进生态文明建设的产业结构的调整与演进。

　　其次是企业组织。企业组织的本质是为实现企业的共同目标，全体成员通过分工与协作，对成员的职务、责任、权力等方面的设计所形成的包括层次结构、部门结构及职权结构的经济组织。激烈的市场竞争、对生态效益的日益重视及国际化趋势促使国有大中型企业及民营企业均不断调整与完善其组织结构，追求其内部管理机制上的突破与创新，这对生态文明建设的产业结构演进具有重要的推动作用[119]。

　　在当今复杂的环境中，对于企业而言，组织创新显得尤为重要。企业组织创新对生态文明建设的产业结构演进的推动作用主要体现在：第一，组织结构的推动作用；第二，员工素质和组织文化的推动作用；第三，信息技术的作用；第四，战略需求的作用；第五，决策层的推动作用；第六，企业自身成长的作用。企业自身组织结构的变革，成为生态文明建设的产业结构演进的内在推动力[120, 121]。

　　最后是资源环境。资源环境是人们从自然资源到环境资源的认识深化的结果。资源环境的价值指标主要包括资源环境的耗减成本、资源环境的损害成本、资源环境的恢复成本和再生成本、资源环境的保护成本、资源环境的替代成本和机会成本及资源环境的改善收入等[122]。

自 2009 年 12 月哥本哈根联合国气候变化大会以来，发展循环经济、推进节能减排、提倡低碳经济日益成为当今世界发展的主旋律。由于资源环境问题既存在正外部性又存在负外部性，因此，需要将负外部性的社会成本内部化，以减少资源滥用和降低废弃物的排放，并需要将正外部性的社会收益内部化，使具有外部性的产品和服务的供给水平达到最优[123]。

经济系统中的结构主要是产业结构，因此，产业结构与环境污染的特征和状况紧密相关，若产业结构的形成是在环境承载力范围之内，则其对环境的污染较轻，反之则污染较重。在当今世界环境问题开始引起关注的大环境下，在可持续发展思想的指导下，在我国"十二五"规划的科学引领下，经济发展、社会进步、产业结构的调整必须与生态思想相得益彰。在生态文明的科学建设下，资源环境问题必会稳定合理地推进产业结构的调整、优化升级和演进。

2. 外部因素

生态文明建设的产业结构演进的动力因素不仅包括上述的内部因素，外部因素在其演化过程中也扮演着重要的角色，外部因素的结构如图 5.8 所示。

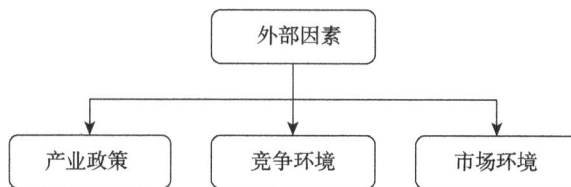

图 5.8　外部因素结构图

以下分别对产业政策、竞争环境、市场环境三个外部因素对生态文明建设的产业结构演进推动作用进行详细分析。

首先是产业政策。为弥补市场机制对生态文明建设的产业结构演进作用机制的不足，中央政府从发展整个国民经济的角度出发，制定了引导产业结构向高度化演进的产业政策等宏观调控经济杠杆，从总体上有效地协调、优化、升级产业结构。第一，中央政府可利用其自身的优势条件具体深入到社会再生产的各过程中，从全国甚至世界的全局范围视角对各地区的要素特征和比较优势进行全面深刻的把握，建立起切实可行的产业政策。第二，产业政策运行过程中的不确定性因素会引起优势产业的发展受阻和劣势产业的急剧发展等问题。中央政府面对这些问题会保护和支持某些高新技术产业的运行、发展和壮大，抑制某些低劣产业的出现，从而使产业结构按照制定的产业政策的目标演进。第三，中央政府从宏观经济视角出发制定的产业政策为推动产业结构演进的另一个外部因素——市场环境创造了良好的条件。在中央政府制定的产业政策中，通过自身的独特优势，国家有计划地宏观调控国内社会的总需求和总供给，使市场调节的结果向着制定的产业政策靠拢，实现由市场环境推动的生态文明建设的产业结构演进的方向和产业政策推动的目标的有效统一[124]。

若脱离市场等因素的作用仅依赖中央政府的产业政策的宏观调控作用，产业政策会出现"政策失效"现象。第一，国家及各地区范围的生态文明建设的产业结构在整体上可视为复杂的经济和产业系统，由于现实情况的复杂性和不定性，以及技术、设备的约束，政府很难制定出完全客观准确、充分兼顾产业体系的各不同区域和不同利益相关者的产业政策。第二，产业政策的制定不可能包含现实中所有不确定性因素，现实中的某些不确定性因素会导致在局部范围出现不同程度的利益矛盾，这些矛盾会导致宏观调控的产业政策在制定与执行之间的部分脱节现象。第三，产业政策的制定是以中央政府依据国家及全世界的整体视角为基础的，因此产业政策对生态文明建设的产业结构演进的宏观推动作用的执行也是从整体的范围内开展的，范围之广决定了维持其可持续运行需要大量管理成本，但政府能够掌握和支配的财力和物力总是相对有限的，因此，生态文明建设的产业结构演进不能仅依赖政府宏观的产业政策调节，还要依赖各产业竞争机制和市场环境的调节作用[125]。

其次是竞争环境。随着世界经济一体化的快速发展，企业的竞争环境也存在着较大变化，企业、竞争者、竞争环境三者之间存在着互相交错的复杂关系。良好的竞争环境可促使各企业努力采用和改进最先进的管理方法和生产技术，最大限度地提高资源利用效率，推动生态文明建设的产业结构升级和产业结构再制造[126]。

竞争的全球化和技术创新使许多行业的竞争规则得以再制造，使市场环境变得越来越复杂，但同时也可为企业的竞争和发展提供许多机遇和挑战。在这种环境下，各企业的竞争战略需要与时俱进，竞争战略开始由原来的静态战略向动态战略靠拢。国家应根据市场经济发展的需要，制定切实可行的竞争政策和产业政策，在生态文明日益深入人心的大环境下，努力维护市场经济秩序的公平、公正，对滥用市场支配地位等行为制定相关的政策措施。与此同时，国家还可干预某些特定产业发展的资源配置，实现产业结构优化升级和产业结构向着更合理化的方向演进。因此，国家应充分利用其独特的优势地位，进一步完善市场环境和竞争秩序，在生态思想深刻灌输下，使符合生态价值追求的新兴产业和先进产业能在市场竞争中脱颖而出，使"高消耗、高排放"的企业退出市场经营舞台[127]。在良性的竞争环境内，使生态文明建设的产业结构向着"经济-社会-环境"系统的整体效益最大化的方向科学合理演进。

最后是市场环境。在当今的市场经济条件下，市场环境作为生态文明建设的产业结构演进的动力因素是显而易见的。市场环境对产业结构演进的推动作用主要表现在以下两个方面：一是良好的市场环境可促使生产要素充分发挥其效用的"最优区位"；二是良好的市场环境是市场参与主体间长期持续性互相博弈的近似均衡状态。产业间的互相竞争可以促使优势产业的迅速发展和壮大，产业间的互相竞争也可阻碍劣势产业的发展。因此，市场机制使整个产业群体系统中的产业呈现出"强者更强，弱者更弱"的现象[124]。

经济的发展不仅依靠市场自身的调节功能，还要依赖政府的宏观调控功能。单就价格机制来说，除了市场的需求和供给所决定的价格之外，政府的限制价格和支持价格政策对市场价格的确定和市场的稳定性均具有重要的作用。在生态文明建设的产业结构演化过程中，由于市场自身的缺陷，仅仅依靠市场机制的调节作用来促进其演化存在一定局限性。第一，市场环境对产业结构演进的推动作用是通过价格体系来实现的，而价格体系的理论基础是完全竞争市场，这在现实中是不存在的；第二，市场环境对产业结构演进的有效推动作用需要完整、健全及柔性高的信息系统作为支撑，而这样的信息系统在现实中难以建立；第三，对生态文明建设的产业结构演进具有推动作用的市场机制的运作是建立在各企业、政府的"经济人"假设基础上的，但在现实中还客观存在大量的非经济因素；第四，在市场环境推动生态文明建设的产业结构的演进过程中，既存在市场环境的不确定性，又存在产业结构变化的不确定性和推动过程缓慢性、长期性[124~128]。

二、生态文明的产业演进机制

演进机制对于深入理解生态文明建设的产业结构的演进模式具有重要作用。为此，在分析了生态文明建设的产业结构演进的动力因素（内部因素和外部因素）和演进方向的基础上，从资源优化配置和资源节约两个视角分析生态文明建设的产业结构演进机制。

1. 资源优化配置

资源优化配置的本质是在市场经济条件下，市场通过自由竞争和"理性经济人"的自由选择，在作为"看不见的手"的价值规律对供给和需求两方面的资源分布的自动调节下优胜劣汰，从而实现全社会资源的优化配置。资源优化配置的主要内容包括在不同产业部门间的配置、同产业部门不同企业间的配置、同一企业内的最优利用、不同经济成分间的配置等[129]。

1978年至今的经济体制改革的实践表明，我国能够维持年均9%左右的经济增长速度且实现了增长模式的转变的主要原因是，我国资源优化配置效率的极大提高。同时，由于我国坚持走具有中国特色的经济体制改革之路和实行了政治文明、物质文明、精神文明、生态文明为一体的发展战略，有些改革措施对资源优化配置难免存在不妥之处，生态文明建设的产业结构的调整和演进也因此受到了一定程度的阻碍。除此之外，国家对国有企业的放权让利造成大量资产流失使国有资产限于规模庞大和能力限制的局面，并且由于企业过度追求经济利益，生态效益受到了损害，资源配置也受到了许多阻碍，严重阻碍了生态文明建设的产业结构的正确演进。总之，市场对资源的优化配置和对供给和需求两方的优胜劣汰，使生态文明建设的产业结构的演进在大方向上是合理的，整体上向着产业转移全球化、产业发展融合化、产业结构绿色化发展。

2. 资源节约

资源的有限性和人的欲望的无限性决定了人的生存要以节约资源为前提，否则就会遭到自然的报复。随着我国经济的发展，资源瓶颈问题已显现出来，如何高效、节约地使用资源成为新的经济发展时期的研究热点[130]。我国在"十二五"规划中明确指出，要积极应对全球气候变化问题，加强资源节约和管理，大力发展循环经济，加大环境保护力度，促进生态保护和修复，加强水利和防灾减灾体系建设，绿色发展，建设资源节约型、环境友好型社会。

生态文明建设下产业结构的演进和经济的稳定发展均是基于资源的大量投入，要建设"资源节约型、环境友好型"社会，既不能为降低资源消耗而不发展经济，又不能走发展经济以资源、环境的消耗为代价的路，切实可行的方式是在现有资源投入量的前提下大力提高资源的利用效率，追求"低投入、高产出"的发展模式。总之，资源节约是新时期经济社会发展和生态文明建设的共同需要，建设"资源节约型、环境友好型"社会的目标促使生态文明建设的产业结构向着经济效益、社会效益及环境效益一体化的综合效益最大化的方向稳步演进。

三、生态文明的产业演进模式

在深刻理解生态文明建设的产业结构内涵的基础上，可得出四种生态文明建设的产业结构的演进模式，即科技创新型、资源节约型、环境保护型及循环经济型。以下分别对其进行详细分析。

1. 科技创新型

在区域经济竞争日趋激烈、经济全球化迅速发展、生态文明建设日益深入人心的今天，科技创新能力已成为国家及企业增强其核心竞争力和取得竞争优势的决定性因素。在知识经济时代的今天，迅速发展的科技，日新月异的知识更新，均是世界经济社会发展和生态文明建设所必需的新态势。科技创新型生态文明建设的产业结构演进模式主要表现为科技支撑经济发展和生态文明建设、人才聚集并且成为科技创新实施的主要力量、经济的快速发展与环境的友好和谐、设备的先进性或再制造性和传统产业的改造性或替代性[131]。

改革开放初期，邓小平同志提出"科学技术是第一生产力"，使我国科学技术的进步迈出了重要的一步，同时使科技发展进入了新的重要历史时期。三十多年的实践证明，科技创新是解放生产力、发展生产力的必由之路。党的十七大明确指出："提高自主创新能力，建设创新型国家。这是国家发展战略的核心，是提高综合国力的关键。"另外，我国提出要"加快转变经济发展方式，推动产业结构优化升级"，即要尽最大努力实现"低投入、高产出"的目标，而其中最为重要的就是要不断大力提升科技发展和自主创新能力。党的十七届五中全会指出"坚持把科技进步和创新作为加快转变经济发展方式的重要支撑"，并提出"推进重大科学技术突破、加快建立以企业为主体的技术创新体系、加强科技基础设施建设、强化科技创新支持政策"。由此可见，科技创新已经成为我国经济发展和生态文明建设及其他发展方针的总的实施路径，其对产业结构调整和优化升级，以及经济发展方式的转变均具有非常重要的作用。

2. 资源节约型

当今世界经济和社会的发展面临资源和环境的双重约束及世界各国不同的国情和发展战略，这就决定了资源成为各国竞争的焦点。建设资源节约型的产业结构是贯彻科学发展观和一切工作顺利开展的必然要求，是全面建设小康社会和生态文明建设的重要保障，也是保障国家安全和经济安全的重要举措，事关国家现代化建设事业，以及民族和社会的生存与长远发展[132]。

为促进产业又快又好的可持续发展，必须以节约资源、调整和优化升级产业结构作为其行动的指导方针，加快传统产业向高新技术产业转移的步伐，转变消费观念，使国民经济的发展从资源依赖型向知识依赖型转移，并努力使节约理念深入人心[133]。中央政府要充分发挥其宏观调控的职能，利用政策、法规等手段限制"高投入、低产出、高消耗"的产业或企业，鼓励和支持高新技术产业的崛起和发展，形成多元化结构的资源消费格局，提高优质能源的消费比例，引领我国生态文明建设的产业结构向着"经济效益、社会效益、环境效益"一体化的综合效益最大化的方向快速健康发展。

3. 环境保护型

改革开放以来，我国经济飞速发展，取得了骄人的成绩，但也为经济的发展付出了巨大的环境代价。主要表现在三个方面：首先是大气污染，我国的能源使用以煤为主，因此我国大气污染主要为煤烟型污染；其次是水污染，我国有 400多个城市存在供水不足的现象，全国每年水污染造成的经济损失约 300 亿元；最后是固体废物污染，目前工业固体废物的综合利用率只有 45% 左右，其余成为污染源并对生态环境造成严重的危害[134]。

正是在这样严峻的背景下，我国将建设"资源节约型、环境友好型"社会纳入了最高决策的议事日程。正如"十二五"规划中明确指出的那样，要绿色发展、大力发展循环经济，建设资源节约型、环境友好型社会。在生态文明建设引起高度重视的大环境下，调整和优化升级产业结构，实现经济增长方式和增长速度、质量的转变，是科学建设"资源节约型、环境友好型"社会的必然选择。造成当前严重的环境污染的主要原因是粗放型的经济增长方式和过度依赖资源发展的低级产业结构，因此，应加大努力使经济增长方式由粗放型向集约型转变，由依赖资源发展的低级产业结构向依赖知识的高级产业结构演进。

4. 循环经济型

循环经济以"减量化、再利用、再循环"为原则，以"低消耗、低排放、高效率"为基本特征，以"低投入、低排放、高产出"为目标，其本质是借助各种方法及手段，把传统线性经济系统资源流动方向组织成一个非线性的、闭合的、复杂的生态经济系统，如图 5.9 所示。

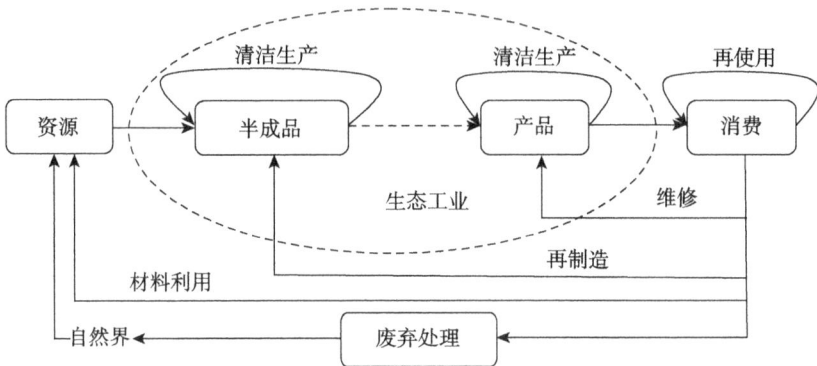

图 5.9　循环经济系统

"十二五"规划提出了"推行循环型生产方式、健全资源循环利用回收体系、推广绿色消费模式、强化政策和技术支撑"的理念。循环经济型生态文明建设的产业结构演进模式有其特有的特点。一方面，循环经济的发展推动产业结构的调整和优化升级，通过高新技术产业的发展保质保量地提高经济发展水平，促进生态文明科学有效地建设。推动产业结构调整从"高消耗、高污染"的以资源为基础的传统产业向"低消耗、高清洁"的以知识为基础的高新技术产业转变。另一方面，产业结构调整是大力发展循环经济和生态文明的重要手段，为经济的可持续增长提供重要的保障和工具。在市场经济条件下，产业结构的调整实质上是高新技术产业和传统产业的交替换代，是可持续与不可持续的新老交替。我国经济社会和生态文明程度的高速发展，始终无法离开产业结构的调整和优化升级，这对整个国民经济发展和生态文明建设起到了至关重要的作用[134~136]。

第四节　本 章 小 结

　　本章首先分析了人类文明发展的产业基础，包括人类文明各阶段的产业结构特点、演化规律，以及产业发展对人类文明的促进作用。其次研究了生态文明的产业特点和生态文明的物质基础——生态产业，在此基础上，分析了生态文明与生态产业的关系。最后对生态文明的产业演进动力机制进行了分析，具体包括演进动力、演进机制及演进模式。

第六章　生态文明建设的产业结构体系构建

研究生态文明建设的产业结构,必须把握好生态文明与产业结构之间的关系,唯有如此才能更好地通过产业结构的生态化设计与调整来促进生态文明建设。本章的研究中详细阐述了生态文明建设与产业结构体系构建两者之间的关系,对生态文明建设的产业结构体系进行了系统分析,并构建了生态文明建设的产业结构体系架构。

第一节　生态文明建设与生态产业的关系

生态文明作为人类文明的一种高级文明形态,具有丰富的内涵与广泛的研究范围。从其内涵上看,生态文明包括生态意识文明、生态行为文明、生态制度文明和生态产业文明四个层次;从其研究范围来看,生态文明包括生态经济、生态社会及生态文化等多个领域。本书从分层次维度与分领域维度两方面构建了生态文明的宏观结构,如图 6.1 所示。

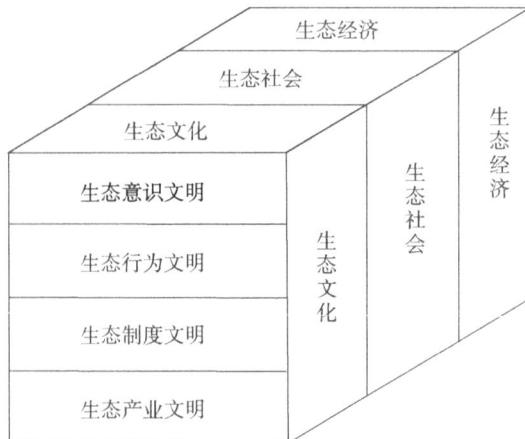

图 6.1　生态文明宏观结构

生态意识文明是生态文明理论的重要内容，缺乏生态意识支撑的生态文明建设只能是表层、不深入的，无法从根本上解决环境的结构性破坏问题。其思想意识的核心为世界观、方法论、价值观与伦理观，直接或间接地影响、约束和指导人们的行为。人们应树立人与自然同存共荣的自然观，建立社会、经济、自然相协调、可持续的发展观，选择健康、适度消费的生活观。

生态行为文明是指行为方式的健康与文明。生态文明的行为主体是人，主要包括公众、企业和政府。各行为主体的行为对象是生态环境，生态文明观认为，盲目地高消费会造成资源浪费与环境污染，不利于人类自身的健康。因此，人类应选择健康、适度的消费行为以替代过度消费的生活方式，提倡绿色消费。其要求要通过政治、经济和法律等多种手段制约、引导政府行为、企业行为和公众行为，解决人类经济、社会在发展过程中面临的各种问题。

为建设健康、良好的生态环境并维护正常的生态秩序必须进行生态制度建设，以规范和约束社会公众、企业与政府的行为。生态制度建设是以生态环境保护与建设为中心调整人与自然关系的，是文化、社会、经济等制度规范的总称。我国通过建立生态环境保护机构和立法等方式构建日益完善的生态制度体系，如《中华人民共和国草原法》《中华人民共和国土地管理法》《中华人民共和国森林法》、《中华人民共和国防沙治沙法》、《中华人民共和国自然保护区条例》及《全国生态环境保护纲要》等。

在经济发展过程中，将生态学原理应用在经济领域，以及因此产生的深刻变化，形成了生态经济。这是生态文明理念在经济建设过程中渗透的结果，是生态领域与经济领域结合的产物，同时形成了生态经济的观念、文化、制度和政治，以及生态产业、绿色产业。生态产业是生态经济的主要特征，也是生态经济建设的重要内容。从图 6.1 可以看出，生态产业既是生态文明建设的主要层次之一，又是生态文明建设领域的一个重要方面，是生态文明建设的物质基础。

物质生产要解决人和自然的关系，是人类发展的要求。进行物质生活资料的生产，是任何社会、任何文明存在与发展的基础，生态文明的物质生产就是进行生态产业的建设，生态产业建设是实现生态文明的必备条件。只有彻底改变原来的"资源—产品—废弃物"的生产方式，高消耗、低产出、高排放的产业模式，才能从源头上改善环境，恢复生态平衡，实现生态文明。生态产业的建设要遵循生态文明的循环理念、共生理念、整体理念、协同理念、自生理念及和谐理念等。这些理念促使传统产业向可持续化、协调化和生态化方向发展，促进产业结构的生态化建设（图 6.2）。

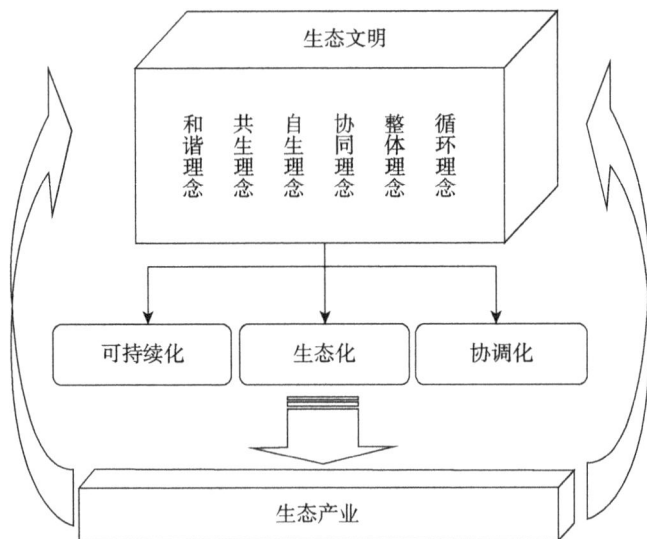

图 6.2　生态文明与生态产业的关系

第二节　生态文明建设与产业结构的关系

　　人类产业活动对全球生态环境造成的破坏和影响，反过来又会影响人类生存与可持续发展。因此，生态文明建设是人类社会发展进步的必然要求和理性选择，而实现工业文明产业的生态化改造和产业结构的生态化转型，建立和形成符合生态文明发展要求的生态产业结构体系是生态文明建设的基础[84]。

　　生态产业结构体系的建设是一个传统产业结构生态化、新兴产业结构高端化和低碳化，以及生态建设产业化的过程。在这个过程中产业结构的设计、调整与优化升级等极其重要，是生态产业建设的主要内容，是促进经济增长方式与生产方式转变的途径，是促进城市现代化与生态化的重要方式，是生态文明建设的重要内容、手段与方法。产业结构调整的方向，需要在生态文明理念的指导下进行，否则就会出现产业结构调整盲目、方向偏离的情况。生态文明建设与产业结构调整之间关系密切，两者相互渗透、相互促进，是建设目标与实现手段的关系，也是指导思想与建设内容的关系（图 6.3）。

　　生态文明的共生理念与协同理念认为，人与自然、人与社会都应该和谐共生。生物系统、自然环境系统及社会经济产业系统等都是由各种相互作用的子系统构成的复杂巨系统，通过系统内外的物质、能量、信息的交换与交流，系统内部子系统之间及各系统之间通过复杂的互相作用产生协同效应。系统内部子系统之间的合作与协同共生，使整个系统处于不断协调演变的状态。将这种理念贯彻于产

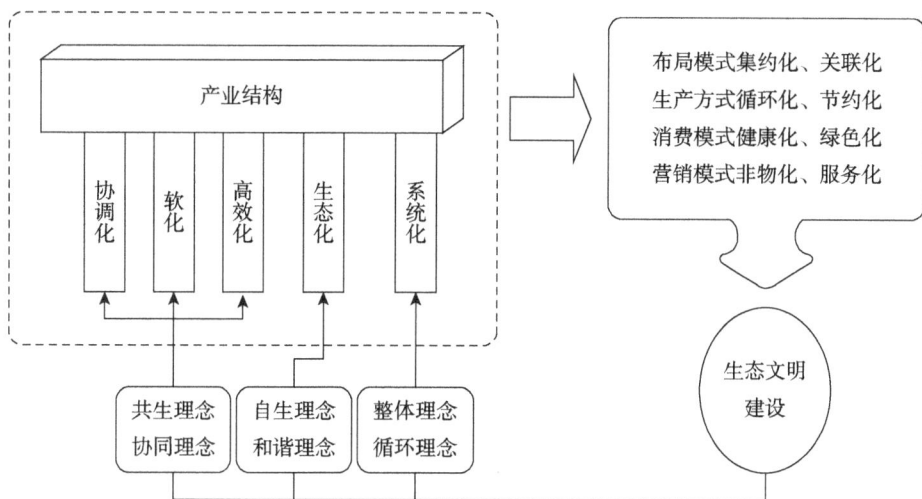

图 6.3　生态文明建设与产业结构的关系

业结构建设与调整过程中，使产业结构向协调化、高效化与软化的方向发展。产业部门内部和产业部门之间通过物质、能量、资金与信息的交流协同共生、相互促进。

　　产业结构的生态化包含两个方面。第一，在生态文明和谐理念与自生理念指导下的产业结构生态转型就是要变环境投入为生态产出，促进生态资产与经济资产的资源整合以及自然生态与社会协调、平衡发展；第二，生态系统本身具有自我调节与控制功能，能够在一定时期与范围内保持系统稳定。因此产业结构的生态化也就包含了结构的自我调节能力，合理高效的产业结构应该能够促进产业自组织能力的提高。

　　生态文明整体理念与循环理念认为，任何一个系统都是由相互联系的要素组成的完整有机体系，不能把系统要素割裂开进行研究，保持系统的完整性就是要实现系统整体功能大于各要素功能之和。产业结构系统化就是将整个产业系统看做一个整体，系统之间资源共享，物质、能量往复循环利用。

　　生态文明建设的生态产业结构系统必须满足产业生产方式的循环化、节约化；产业营销模式的非物化、服务化；产业消费模式的健康化、绿色化；产业布局模式的集约化、关联化。因此，只有建立完善的生态产业政策体系、技术支撑体系、产品生态化设计与生产体系、产品服务化体系、资源再利用体系和各种有效的机制，才能实现物质基础生产的生态化、营销模式的低碳化与消费模式的绿色化，才能促进生态文明建设的合理有序进行。随着生态文明建设水平的提升，将进一步促进产业结构的调整与优化，形成生态文明建设和产业结构演进的协调发展。

第三节　生态文明建设的产业结构系统设计

基于生态文明建设与产业结构的基本关系，本节将对生态文明建设的产业结构内涵、特征，以及生态文明建设的产业结构体系的设计问题进行研究。

一、生态文明建设的产业结构基本特征

1. 生态文明建设的产业结构内涵

产业结构既反映了产业生产能力与社会需求，决定着社会生产力的发展水平、社会经济发展速度，又影响着生态环境的演化状况[85]。在生态文明建设的背景下，产业结构必须进行相应的调整和发展，形成与生态文明相适应的新的生态产业结构体系，才能促进生态文明建设和发展。

本书认为生态文明建设的产业结构，是以经济-社会-环境的全面、高效、协调、可持续发展为目标，以产业生态学为理论依据，以科学发展观、循环经济、生态经济和低碳经济思想为指导，从根本上解决高消耗、高污染、高排放、难循环、低效率的生产方式，形成节约资源能源和保护生态环境的产业结构，其本质是可持续的产业发展模式。

从系统功能来看，就是要更好地解决资源环境与发展之间的矛盾冲突，将产品生产、副产品交换与废弃物处理的过程一体化，将产品生产主体与环境保护、生态建设主体统一于生态产业系统中。

从生产系统来看，就是要实现生产方式、生产工艺、生产过程与产品的生态化，使经济过程与生态过程有效结合，形成协调的产业生态系统。

从结构关系来看，生态文明建设的产业结构具有网络型和进化型的特点，产业系统各组成要素与各个子系统之间互动耦合、相互影响、相互促进，是系统结构动态平衡的生态产业系统。

2. 生态文明建设的产业结构特征

1）人与自然协调发展

生态文明的核心理念是和谐，即人与自然协调发展、人与人和谐相处，从实现人的全面自由发展及社会、经济与环境的可持续发展出发，通过合理控制改造和利用自然的规模与程度，实现自然环境与人类社会的全面优化。生态文明要求改变传统工业文明下的生产方式与消费模式，改变以往以人为中心、改造征服自然的观念，因而生态文明建设的产业结构应该是人与自然

和平共处、协调发展，并形成生态化的产业体系，使生态产业成为经济增长的主要源泉。

2）生态产业化和产业生态化

工业文明认为自然资源与能源取之不尽，用之不竭，不考虑能源的节约与增值问题，其生产模式为"资源—产品—废弃物"。生态文明则谋求社会、经济和自然的协调，谋求人与环境的共同进化，因而生态文明要求新的产业结构从保护环境出发，以实现生态建设产业化与产业发展生态化。生态产业化是以产业化生产协作的方式将生态建设分散、零星的经济活动进行组合与优化，以实现生态建设专业化、规模化、市场化和社会化，提高经济效率和生态效益的过程[93]；产业生态化是以系统化、生态化的方法来经营和管理传统产业，以实现其环境效益、社会效益和经济效益最大化，资源高效利用，生态环境损害最小和废弃物多层次利用目的的过程[94]。生态型产业结构应该实现产业系统内和产业系统之间的循环生产，完成产业的生态化。两者都是将资源综合利用、生态建设与环境保护相结合的产业发展过程，要求所有产业的建设与发展要符合生态经济的规律。

3）多目标性

工业文明下传统的产业结构追求的是经济效益最大化的单一目标，仅考虑经济增长，不考虑资源问题与环境问题。而生态文明则要求新的产业结构在人口、资源、能源、科技和政策等约束条件下追求多重目标——经济平衡稳步增长、社会进步、环境保护和资源能源节约等，生态城市产业结构的发展需要生态型的消费结构、经济结构和社会结构的配合。

总之，生态文明建设的产业结构是经济、社会与自然复合的生态产业体系，应该考虑多方利益，从根本上改变工业文明下的传统生产方式，通过产业生态化与生态产业化，实现经济增长、社会进步、环境保护和资源能源节约。

二、生态文明建设的产业结构体系设计

产业生态学原理认为，生态产业设计原则包括横向耦合、纵向闭合、网络耦合、柔性结构、自我调节等[137]。所谓横向耦合是指不同产业间的横向耦合与资源共享，变污染负效益为资源正效益；纵向闭合是指从源到汇再到源的纵向耦合，集生产、流通、消费、回收及环境保护于一体，各层次产业在企业内部形成完备的功能组合；网络耦合是指把系统要素通过纵、横向整合之后形成一种网络连接；柔性结构和自我调节也是极为重要的设计原则，是一个系统适应性与应对风险能力的体现。

生态文明建设的产业结构体系设计同样要坚持生态产业设计原则，同时基

于生态文明的建设理念，还必须坚持和谐性、高效性、持续性和整体性的原则。和谐性是生态文明建设的产业结构的本质内涵和最基本的设计原则，和谐性既指社会、经济发展与环境的和谐，也指人与自然的和谐共生，同时还包括人与人的和谐共生，即人际关系的和谐；高效性是指资源、物质与能量的集成与多层次的分级利用，废弃物的循环利用，信息交流与共享等，是改变高能耗、高投入、非循环产业模式的重要性质；持续性与整体性同样也是进行产业结构体系设计极其重要的原则，生态文明建设的产业结构要兼顾社会、经济与环境三方效益。

　　基于以上原则和系统论的方法，本书认为资源能源节约、环境保护的产业结构设计的内容与过程应包括发展现状的系统诊断、综合功能评价、目标与产业结构体系设计和产业结构优化等方面（图6.4）。生态文明建设的产业结构体系设计内容与步骤具体描述如下。

　　（1）对生态文明建设的产业结构体系的基本理念进行分析，并进行相应的评价。主要包括基本内涵、基本目标要求、衡量准则与评价标准等内容。

　　（2）对国家或某一区域的产业发展现状与产业结构现状进行分析。具体的分析内容包括产业布局与功能、劳动力水平与结构、产业技术进步程度、土地利用结构与效率、产业关联程度、产业协调发展程度、资源保障程度、环境质量状况、生态环境产业进程、产业发展可持续程度，以及与产业结构相关的其他因素现状。

　　（3）基于对产业现状的分析，通过空间比较与时序比较等方式对产业结构的综合能力进行分析评价，主要包括经济效益、社会效益、环境质量、生态景观、资源保障和技术条件等方面，进而对生态产业发展的障碍与根源、优势与潜力进行分析，进行产业结构体系设计。

　　（4）确定生态文明建设的产业结构体系设计发展目标并进行结构设计。产业发展目标应该包括产业协调发展、经济增长、社会稳定、环境质量良好、资源能源节约与保障、生态建设和技术进步与应用等多个层面；结构设计包括产业投资比例、产业关联、产业布局、产业技术和其他等方面。

　　（5）对所设计产业结构体系的合理性、可行性进行总体评价，具体包括评价内容、评价方法和评价标准。若评价结果合理可行，则进一步实施设计方案，进行生态产业结构建设；若不可行，则执行下一步。

　　（6）与自然生态系统相似，人造生态系统也总是处在不断发展变化之中，受到资源供给、需求结构、市场波动、技术变化及企业结构等外部因素的影响，系统结构与功能受各种因素变动的影响也随之变化，因而要在不同的阶段对产业结构体系进行调整与优化。

　　事实上，产业结构的评价与优化贯穿产业结构体系设计与建设的整个过程，而非孤立的步骤与过程，应该随社会经济环境的变化不断进行调整。

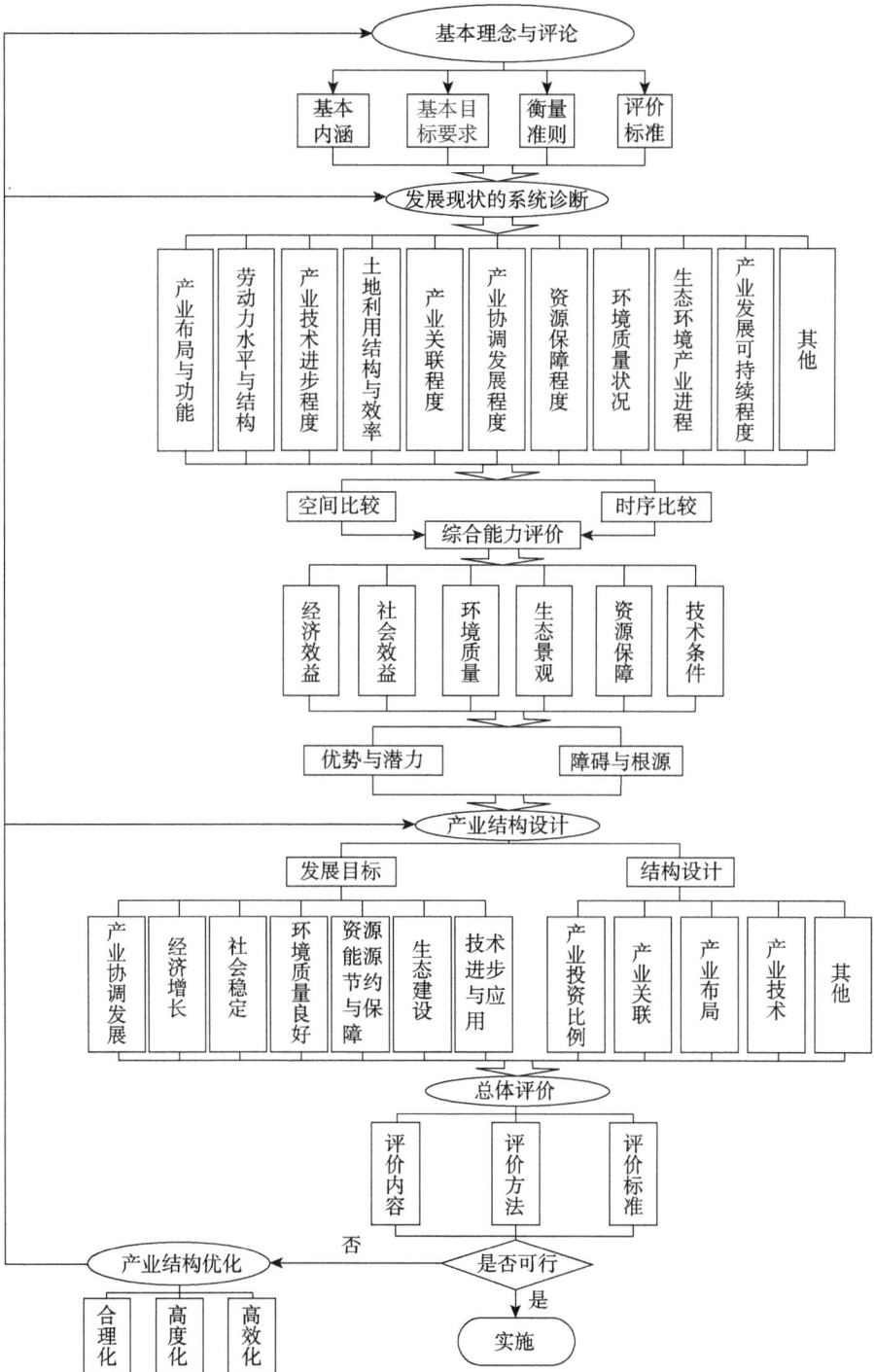

图 6.4 生态文明建设的产业结构设计内容与流程

三、生态文明建设的产业结构体系架构

依据系统论的观点，任何系统都是由诸多相互关联的要素，在系统环境里通过一定的方式耦合而成的有序整体，以实现系统功能。作为一个生态产业系统，生态文明建设的产业结构是由生态农业、生态工业、生态服务业和环保产业四大要素构成的。在这个人造生态系统中，各个产业的相对关系是模拟自然生物界的生产者、消费者和还原者之间的关系而建立的，它们在实现系统的功能时分别扮演着各自对应的角色。其中，生态农业和生态工业扮演着生产者的角色，生态工业和生态服务业扮演着消费者的角色，而环保产业即还原者。在不同生态产业内部还形成了相应的资源能源循环利用系统。基于产业生态学原理，结合系统论中系统相关性、整体性、动态性和有序性的特点及系统共生原理，可以建立如图6.5所示的生态文明建设的产业结构体系架构，以清晰地表示产业内部及产业间网络耦合的结构关系。

生态农业是指以生态学原理和系统论方法去指导农业的生产与发展，以维护人的身心健康为宗旨，兼顾经济效益和生态效益，功能良性循环的知识型、服务型、网络型和规模型的现代化农业发展模式[137]。生态农业要求在洁净的生态环境下，用洁净的生产方式生产洁净的食品，保持农业产品的安全性；强调农业生态系统的整体功能的发挥，以及种植业与林、牧、渔业等相结合的系统化生产，综合发展农村产业；综合利用传统农业的精华与现代科学技术，提高生态农业生产效率；充分利用地域资源优势，扬长避短，实现区域农业的快速发展；协调经济发展与环境保护、资源利用之间的关系，形成经济和生态的良性循环，实现农业和整个产业系统的可持续发展。

生态工业是依据生态经济学原理，运用生态规律、经济规律和系统工程的方法来经营和管理的，以资源能源节约、产品对人和生态环境损害轻和废弃物多层次利用为特征的一种现代化的工业发展模式[96]。生态工业的本质是采用消除或重复利用废料的"封闭循环"生产系统，提高产品的使用周期，减少废物的产生和资源的浪费与消耗[97]。生态工业包括资源生产部门——为工业生产提供资源与原料的部门，如绿色制造业、生态加工业、绿色建筑业、绿色化学等加工生产部门和还原生产部门。其中还原生产部门的主要目标是将使用过的工业产品、工业生产过程产生的副产物和废弃物进行再资源化、再产品化或无害化处理。生态工业要求其产业内部的不同企业之间能够形成类似自然生态系统的关系，实行基于"3R"原则^①的清洁生产，改进生产工艺、进行流程再造，实现节约资源、保护环境、减少废物排放、避免生态破坏、降低生产成本、提高经济效益的目的。

---

① "3R"原则是减量化（reducing）、再利用（reusing）和再循环（recycling）三种原则的简称。

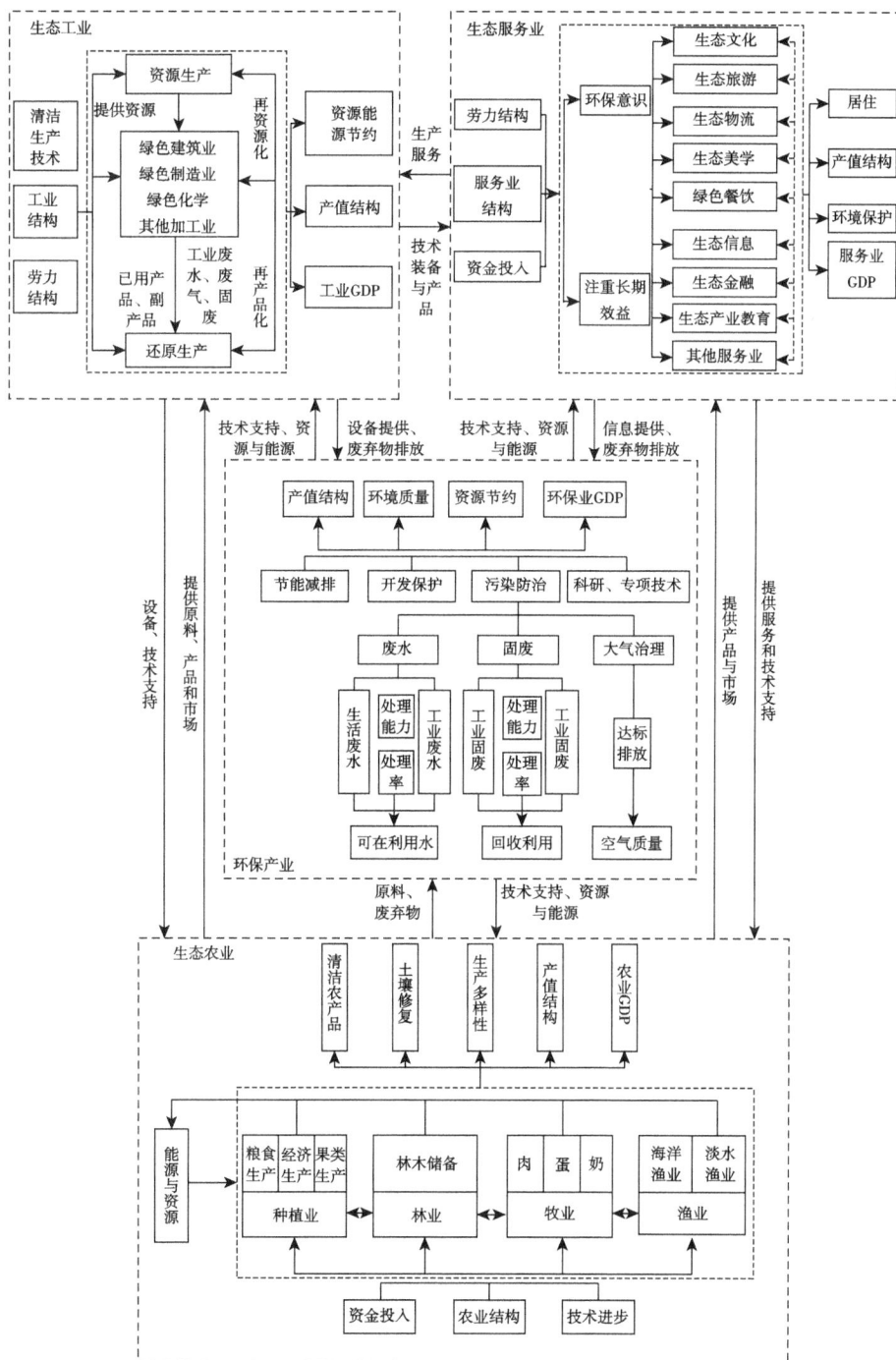

图6.5　生态文明建设的产业结构体系架构

生态服务业是运用生态学原理和系统论方法,以能源资源节约共享、产业高度关联、产品及服务绿色化为主要特征,倡导绿色生产与绿色消费的一种现代化的服务业发展模式。生态服务业的实现要求服务主体生态化、服务途径清洁化和消费模式绿色化。生态服务业主要包括生态旅游、生态物流、生态金融、生态产业教育、生态信息、生态文化、生态美学、绿色餐饮等多方面的内容。生态教育可以有效提高人们的环保意识,使人们更加注重长期效益,从而促进其他产业的生态化,构建完整的生态产业结构体系[98]。

环保产业是为生态化生产服务的产业,以防治环境污染、改善生态环境、保护自然资源为目的,进行产品生产、商品流通、技术开发、资源利用、生态服务及工程承包的新兴产业[101]。环保产业主要是通过对工业三废(废水、废气、废渣)的综合处理、资源再生利用、生活垃圾的无害化处理的方式,消除人类活动对生态环境产生的各种负面影响。环保产业具有高技术支撑性、全方位渗透性、产业带动性和动态性等明显特征。环保产业相当于自然生态系统中的分解者,以实现经济与环境可持续发展为目的,主要包括四个方面:一是节能环保设备(产品)生产与经营,如水体、大气污染和固体废物治理设备、噪声控制设备和环保检测分析仪器等;二是新能源开发和资源综合利用;三是自然资源开发与生态保护;四是生态技术研发与环保服务体系。

总之,生态文明建设的产业结构是由生态农业、生态工业、生态服务业和环保产业相互交织而成的网络耦合结构,是一个具有时、空、序的复合网络体系。其中,生态农业为其他产业提供原料、产品及市场,是该产业生态系统与生态文明建设的基础;生态工业则是该产业结构的核心与关键,通过使用可再生资源能源和开发新能源实现减量化,通过资源化与再产品化实现资源循环利用,同时向其他产业提供产品与设备;环保产业向其他产业提供清洁设备和生态技术支持,同时通过废物的无害化处理和综合处理向其他产业提供再生的资源与能源,保护环境;生态服务业通过生态产业教育提高人们的环保意识,倡导绿色消费模式。各个产业相互促进、相互制约,形成产业高度关联的互动耦合生态产业结构体系。

第四节 本 章 小 结

促进生态文明建设的产业结构是以经济–社会–环境的全面、高效、协调、可持续发展为目标,以生态经济原理为理论依据,以科学发展观和循环经济思想为指导,从根本上解决"高消耗、高污染、高排放、难循环、低效率"的生产方式,节约资源能源和保护生态环境的产业结构,其本质是可持续的产业发展模式。本章对促进生态文明建设的产业结构特征进行了分析,认为其基本特征为人与自然协调发展、产业生态化与生态产业化和多目标性；基于系统论方法，本着和谐、高效、持续与整体性的原则，对生态文明建设的产业结构体系的设计内容和流程进行了系统的分析，构建了促进生态文明建设的产业结构体系。

第七章　生态文明建设的产业布局分析

产业布局是产业结构研究的重要内容之一，产业结构调整要与产业空间布局相结合。本章在对传统产业布局理论、产业布局影响因素分析的基础上，根据生态文明建设的产业结构体系和生态产业建设要求，对生态文明建设的产业布局内涵、原则、地域层次及模式进行全面、系统的分析。

第一节　产业布局理论分析

产业布局是指产业各部门、各环节在一个国家或地区的地域动态组合分布，体现了国民经济各部门发展运动规律。产业布局理论涉及了产业经济学和区域经济学的交叉学科。产业布局理论是科学技术进步和人类社会发展，以及生产活动的内容和生产空间拓展到一定程度的必然产物。

一、产业布局理论的形成

1. 古典区位理论

1926 年德国经济学家杜能在《孤立国同农业和国民经济的关系》一书中首先提出了农业区位理论，并初次系统地分析了农业市场的区位问题。他通过亲自经营特洛庄园，并根据对特洛庄园所记录的账目，推导出了著名的"杜能圈"，给出了他对地租、位置和资源配置的理解。

工业布局理论的创始者，德国经济学家韦伯在《工业区位论》（1909 年）一书中系统地论述了工业区位理论。其主要的概念有最优工业区位、原材料指数（material index）、区位三角形（location triangle）、等差费用曲线等。他认为经济学研究的对象是经济活动的方式和区位，而生产活动又是经济活动的主要内容，生产活动的中心内容是工业式制造，因此提出以工业区位问题为研究的中心问题。他研究的目的是试图寻找工业区位移动的规律，判明影响工业区位的各因素及其作用的大小。

韦伯的工业区位理论有着广泛的影响，其中韦伯对区位因素的经典划分，成为许多学者考虑区位问题的基础。但他所假定的"实际因素不起作用"的命题，就目前的情况而言，必须重新进行考虑。

2. 近代区位理论

Fetter 提出的贸易区位理论认为：企业竞争力的强弱是由运输费用和生产费用决定的，这种费用的高低与产业区域大小成反比[138]。德国地理学家克里斯·泰勒在其 1993 年出版的《德国南部的中心地原理》一书中，建立了以阐明中心地的数量、规模和分布模式为主要内容的中心地理论，发展了用以说明提供不同服务的村庄和城市的等级制度为何会出现，以及这种等级制度又为何因地而异的一般理论，被公认为是"有效地说明了城镇为什么存在，是什么决定了它们的发展，以及它们在地区和国家里的次序顺序是如何排列如何产生的一种理论"。她以韦伯区位论的静态局部均衡理论为基础，将地理学地域性和综合性的特点，同区位论学说相结合，这一理论成为城市经济学的理论来源。

勒施在 1939 年出版的《经济空间秩序》一书，确立了他在区位理论研究中承前启后的地位[139]。他总结了以前的区位理论研究，并吸收继承了克里斯·泰勒中心地理论的思想，形成了独具特点的思想理论体系。勒施将静态的、单方面的农业区位论和工业区位论，扩展为动态的、综合的、有体系的空间经济理论，不仅从理论上把研究对象扩大到区位体系、市场区、经济区、地区劳动分工、地区经济、国际贸易等领域，还涉及区位选择、地区计划、城市规划等方面的方法论。勒施利用利润原则来说明区位趋势，并且把利润原则同产品的销售范围联系在一起进行考察。与韦伯理论的不同之处在于，勒施并不认为工业的最低运输成本在工业区位趋势中起决定作用。他既从一般均衡的角度来考察整个工业的区位问题，又从局部均衡的角度来考察一个工厂的区位问题，他认为产业布局不仅要充分考虑市场因素，尽量把企业安排在利润最大的区位，还要考虑市场划分与市场网络合理结构的安排。勒施对经济区的分析为后来研究产业区提供了很好的思想基础，他所提出的蜂窝形六边形市场区的概念被广泛使用。

3. 现代区位理论

1）成本–市场学派

该学派以成本与市场的相依关系作为理论核心，以最大利润原则为确定区位的基本条件。其中影响较大的有：胡佛在 1931 年提出的以生产成本最低准则来确定产业的最优区位[140]；Vernon 提出的产品寿命周期理论，认为处于不同生命周期的产业布局各有特色[141]；克鲁格曼、Porter 等的产业集群理论则从竞争经济学的角度去研究产业布局问题，认为产业集群对企业竞争是非常重要的，可以使企业更好地接近劳动者和公共物品，以及获得相关机构的服务，企业成本越低，整个产业的竞争力就越强[86, 142]。

2）行为学派

该学派的代表人物是 Pred,确立以人为主体的发展目标是该学派最大的特点,主张现代企业管理的发展、交通工具的现代化、人的地位和作用是区位分析的重要因素,运输成本则降为次要因素[143]。该学派认为,在现实生活中既不存在行为完全合理的经济人,也难以做出最优的区位决策,人的区位行为必然受到实际获得信息和处理信息能力的限制。

3）社会学派

该学派的代表人物是 Clark、Moore 等。他们主张政府干预区域经济发展,认为政策制定、国防和军事、人口迁移、市场、居民储蓄能力等因素都在不同程度地影响区位配置,且社会经济因素日益成为最重要的影响因素[25, 144]。

4）历史学派

该学派的代表人物是 Dunn、Raumordnung 等。其理论核心是空间区位发展的阶段性,认为区域经济的发展是以一定时期生产力发展水平为基础的,具有很明显的时空结构特征,不同阶段的空间经济分布和结构变化研究是理想区域发展的关键[145, 146]。

5）计量学派

该学派的代表人物是 Hotelling,该学派以定量研究的可能性和准确性为理论核心,认为区位研究涉及内容广、范围大、数据多,人工处理已经显得无能为力,因此必须建立区域经济数学模型,借助计算机等科学技术工具进行大量数据处理和统计分析[147]。

二、产业布局理论的内容

产业布局理论的内容主要包括产业布局的条件、特点、层次、机制、结构和产业功能安排（图 7.1）。

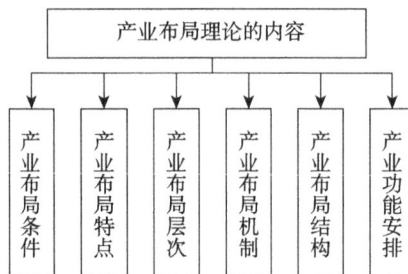

图 7.1　产业布局理论的内容

1. 产业布局条件

产业布局条件是指影响产业布局的外部环境，包括多种因素，根据它们对产业布局的影响程度，大体可分为三类：①自然条件与自然资源；②技术条件；③社会经济条件。

2. 产业布局特点

（1）不同的产业其产业布局具有不同的特征，这是因为各产业自身的经济技术条件和要求不同。

（2）不同的地区其产业布局结构不同，主要是因为各地区自身条件不同。各地区应该根据自身的各种条件，充分发挥其地理优势，构建具有自己特色的产业结构，形成各具特色的多种产业的地域组合。

3. 产业布局层次

产业布局层次是指由于地域的层次不同，产业布局表现出不同的规模和发展规律。

4. 产业布局机制

产业的空间分布和组合是由产业构成要素及影响因素决定的，而各因素之间又是相互制约和相互作用的，这种相互制约和作用的内在机理被称为产业布局机制。产业布局机制可分为市场机制和计划机制两类。

5. 产业布局结构

产业布局结构是指区域内具有不同发展功能的产业部门之间的比例关系。产业布局在一定的区域内是受到该区域的社会经济条件和科学技术的限制和影响的，这就要求该区域的产业必须要有一定的部门经济结构与之相适应。

6. 产业功能安排

产业布局要根据资源承载能力和发展潜力，按照优化开发、重点开发、限制开发和禁止开发的不同要求，明确不同区域的功能定位，并制定相应的政策和评价指标。具体划分应遵循以下几点：首先，必须从经济、社会、生态耦合作用的角度，考虑空间单元及其组合结构的完整性，并按照系统论中的结构功能原理，从高度综合性出发优化产业布局。其次，注重以主体功能为导向，以现有人口和产业的空间集聚形态为基础原则，合理规划布局重点产业发展和人口集中等具有可操作性的功能地块，以协调生态环境保护与社会经济之间的关系。最后，完善具体的、引导性的政策体系，加强区域协调均衡发展。

第二节　产业布局的影响因素分析

一、地理因素

地理位置影响产业的运营成本,对国家和地区经济发展起到加速或延缓的作用。地理位置涉及自然条件、交通、信息和相关的社会经济条件,而这些条件都在经济发展中起到重要的作用,甚至是决定性的作用。

1. 地理位置对第一产业布局的影响作用

第一产业主要是指农业,由于受到相关自然条件的影响,如光照强度和时间长短、温度、湿度、土壤的状况等限定性条件影响,因此,处于相应的地理位置就有着与之相应的第一产业。不同的地理位置生产条件不同,地理位置的优越性体现在其生产条件的优越性上。若当地的自然条件良好,土壤肥沃,则第一产业可发展得很好;反之在不适宜的地理位置生产农产品,则不利于第一产业的发展。此外,当地的交通运输条件和相应的市场供应关系也对该区域的第一产业发展起着重要的作用。好的交通运输条件可以为农产品的外销提供便利,而适宜的市场供应关系则对农户的农产品销售提供了有利保障。

2. 地理位置对第二、第三产业布局起到决定性的影响作用

第二、第三产业通常分布在地理位置优越和交通便利的地方,这种地方通常有具有一定规模的加工中心,并汇集众多的第三产业生产部门,如交通运输枢纽、海港、交通要道沿线等,而不是直接分布在能源基地或矿石和其他原料产地。自然资源的开发和使用顺序在不同程度上受到地理位置的影响和制约。例如,对于使用大量原材料的产业来说,特别是那些在生产制造过程中将大大缩减原材料的重量、体积,以及使用易变质的原材料的产业,建于原材料产地附近会大大降低运输成本。如今,随着原材料处理、运输方式的改进,以及制造业的构成由重工业转向高附加值工业,原材料的运输方式及成本不再是产业布局中非常重要的因素,相反,接近消费市场这一因素变得日益重要。如果一个地方距离经济中心较近且交通便利,那么该地区的资源将首先被开发利用,其经济价值较大,反之亦然。

二、自然因素

自然因素包括自然条件和自然资源,是一种重要的区域因素。自然条件是指地球上所有的自然环境,既包括未经人类利用和改造的原始环境,也包括经过人类改造利用后的自然环境;自然资源是指经过人类利用工具所改造的那部分自然条件。

1. 自然资源对第一产业的决定性影响

第一产业主要是农业生产活动，其劳动对象主要是自然资源，所以第一产业的分布地区和分布情况，是由各种自然资源的分布决定的。同时各种农作物等都有自己的特点，它们生活在不同的自然条件和环境下，直接制约着第一产业的分布。农业的地域分布情况是由土地资源、气候资源、水资源和生物资源等共同作用决定的。

2. 自然资源对第二、第三产业布局的间接作用

通过对第一产业的影响作用，自然因素实现了对第二、第三产业布局的间接影响。第二产业中的重工业多分布在工业自然资源或农业自然资源丰富的地区，如采掘业多分布在原料聚集地，材料工业多分布在原料相对比较密集的地区，而重型机械产业不仅要考虑原料问题，还要考虑能源问题，以及第三产业中的轻工业和食品业，有的以农产品为原料，也多分布在相应农产品的产地。这些产业受自然资源分布情况的影响特别大。同时，工厂厂址的分布情况、用水情况等也要受到自然条件的限制和制约。自然资源对第三产业的影响集中表现在旅游业上。

3. 自然资源直接影响产业布局的大格局

由于自然条件、自然资源对劳动生产率、产品质量等方面具有直接或间接的影响，在市场经济与竞争的条件下，产业活动势必首先向最优的自然条件与自然资源分布区集中，形成具有一定规模且各具特色的专业化生产部门，进而完成产业劳动地域分工的大格局。

劳动生产率、产品质量等方面都受到自然条件和自然资源的直接或间接的影响。在市场机制下，为实现利益最大化，产业活动必然先向自然条件和自然资源分布集中的区域集中，并形成产业聚集效应，形成具有产业特色、生产部门专业化的并具有一定规模的工业区或产业活动中心，从而完成产业劳动地域分工的大格局的改变。

4. 自然条件各要素对产业布局的影响

制造业和建筑业发展的前提条件是良好的地理环境。平原地区地面平坦，适合进行大面积的现代化种植产业发展，为制造业、建筑业提供了建立厂房的可能，并且容易规划并铺设各种交通路线；山区、丘陵等地，由于受到自然条件的影响，内外交通不便，不宜发展保鲜的果品业和耗能、耗原料多的制造业；盆地地区，空气流通差，冶金、化工等工业的发展在这种地区是应该避免的。气候条件不仅在很大程度上影响了农业的发展，并对其他方面也产生了很大的影响，如航海航空、飞机制造、旅游业等。水资源也是在进行产业布局时需重点考虑的要素。水资源不仅影响农业的产业布局，同时还直接影响化工业、内

河运输、海洋航运等。

三、人口因素

人口因素包括人口构成、人口数量、人口分布和密度、人口增长、人口素质、人口迁移等。人是生产者和消费者的统一，在某种意义上，这种统一对产业布局的影响是决定性的。作为生产者，人口数量、人口素质都对产业布局起到重要的作用。作为消费者，人口的消费状况直接影响产业分布。各地区的人口数量和组成及其消费水平的差异，都要求产业布局与人口的消费特点、数量相适应。人口因素对区域产业布局的影响主要来源于从业劳动力的可得性。从静态的角度来看，产业倾向于布局在从业劳动力丰富的地区，从业劳动力的数量、分布和素质直接决定了区域产业发展的规模、分布和类型。从动态的角度来看，从业劳动力的流动性也是影响产业布局的一个重要方面，从业劳动力流动性的强弱决定了相关产业分散布局与否。流动性越强，相关产业分散布局的可能性越大；流动性越弱，相关产业分散布局的可能性越小。

四、社会经济因素

影响产业布局的社会经济因素主要包括历史基础、市场条件，以及国家的政策、法律和宏观调控，具体表现如下。

1. 历史基础

历史基础是指历史上遗留下来的产业基础、文化和科学技术基础、经济管理基础等，其中以产业基础最为重要。历史继承性是产业布局的基本特征之一，历史上形成的产业基础始终是配置新的产业布局项目的出发点。进行新一步的产业布局总要以原来的社会经济历史基础为前提和条件，根据原来的情况，分析当前状况，找到积极因素并充分利用，变不利条件为有利条件，进行产业布局优化，使其更为合理。与此同时，进行产业布局时除了要考虑自身的历史积累外，更重要的是要考虑相关产业的发展。如果能够与相关产业形成产业链联系，相互依托，不仅有利于当地资源的充分利用，促进自身的快速发展，还能够促进相关产业的进一步发展，对其所依托的相关产业甚至整个区域的经济发展都具有广泛的带动作用。

2. 市场条件

市场条件是影响产业布局的另一重要因素，它包括消费市场、金融市场、劳动力市场等。经济全球化与外资的拉动成为产业布局的主导因素。经济全球化在大大促进我国经济快速发展的同时，也在明显改变着我国的区域产业布局。一方面，外资流入与国内储蓄一样是社会固定资产投资的重要资金来源；另一方面，各国对外开放的历史经验证明，利用外资对促进技术进步，增加就业和提高居民收入水平，带动产业结构升级，均发挥了巨大的作用。众所周知，产业发展是以市场为导向，以企业为主体，以资源为依托，以产品为核心，以满足民众的物质和精神需求为目的的，因此进行产业布局时必须要同该地区的市场条件相一致。首先要对市场进行调查和对未来情况进行预测，掌握市场的供需情况，分析市场的潜质。同时还要对市场各方面的内容进行预测，分析其变化趋势，及时调整产业结构，优化产业布局。

3. 国家的政策、法律和宏观调控

法律法规和经济政策是政府相关产业布局的两种主要政策工具，它们代表了政府对相关产业布局的态度。经济的稳步健康发展和产业的合理布局都是以制定正确的法律法规和经济政策为前提的。优惠的或严格的税收、金融、土地政策等会通过影响企业的投资收益率来影响企业的区位选择，进而影响相关产业的宏观布局。法律法规和经济政策对产业布局形态及演化方向的影响不可忽视，在某些情况下甚至起决定性作用。良好的政策能够推动经济的健康发展，可以使产业布局更加合理化。反之，其消极作用也是很明显的。由于在市场经济体制下的产业布局主要是市场驱动的，基本上产业布局都是根据市场的供需来建立的，具有很大的盲目性、不稳定性，并且容易导致趋同化。所以说，产业布局应该受到法律的制约，通过法律这只强有力的"手"，协同市场机制，共同对产业进行合理布局，稳定产业结构，优化产业升级。

五、科技因素

科学技术是第一生产力，经济的发展和产业布局与科学技术的发展息息相关、密不可分。科学技术对产业布局的影响作用不容忽视，一方面表现为对产业布局的直接影响；另一方面表现为其他因素对产业布局的间接影响。在企业研究开发的内部化、各地各国政府对研究开发活动资助的规模化、研究开发机构与研究大学的兴起和政策化趋势的这种大背景下，科学技术对产业布局发展的作用日益明显。具体表现如下。

1. 科学技术进步催生新的产业类型

随着科学技术的进步，人们对自然资源的利用能力大大增强，主要体现在对自然资源利用的深度和广度上。通过对科学技术的运用，扩大了自然资源的利用范围和途径，很多传统的不可用资源目前已可用化，这赋予了自然资源新的经济意义，并且这种意义在不断被放大，一些新的产业类型也因此被催生。

2. 科技进步改变传统布局形态

科技进步在催生新的产业类型的同时大大拓展了产业布局的空间，相关产业科技发展、对外开放能力与程度的提高，使传统产业布局有了延伸的空间和结构创新的重要推动力，从而引起了传统产业布局形态的改变。第一，产业布局呈现扩散化趋势。信息技术的发展使其在交通技术上的应用得到了扩展，它们之前的相互补充，大大扩展了城市经济活动的地域空间，使传统的产业布局空间得以延伸，因此形成了产业布局扩散化的趋势。第二，产业布局呈现集聚化趋势。在全球经济一体化，市场竞争白热化的形势下，城市逐步成为巨量信息的复合体，仅靠个人或少数人很难做出科学决策，因此，多功能、高质量的协调合作成为产业发展的必然，这使产业布局呈现出集聚化趋势。集聚区内的企业通过共享技术、信息等要素，获得规模经济和外部经济的双重效益。同时，产业集聚区内的企业形成一种竞争合作、分工协作的互动式关联模式，有利于构成集聚区内企业持续的创新动力，并由此带来一系列的产品创新，促进产业升级。

第三节　生态文明建设的产业布局内容

生态文明建设的产业布局涉及产业布局内涵、原则、层次和模式四方面的内容。

一、生态文明建设的产业布局内涵

与传统产业布局只注重以经济资源为考虑前提相比，生态文明建设的产业布局是指通过各部门、各环节在某一国家或地区的地域上的动态组合分布，构建产业共生系统，从而建立一条完整的产业链或产业网，实现资源（不仅包括经济资源与社会资源，还包括自然环境资源）的再生、循环利用及废弃物资源化，减少废弃物排放量，进行清洁生产。同时还要考虑系统的鲁棒性，完善产业结构，推动产业结构优化升级，最终实现经济、社会与环境的协调、可持续发展。

生态文明建设的产业布局强调与自然的协调性，按照区域主体功能定位，综合考虑能源资源、环境容量、市场空间等因素，来优化生态产业生产力布局。其以生态产业链条为纽带，以生态城市（镇）、生态产业园区为载体，最大可能地实现区域内外产业资源的优化配置，建立完整的资源高效利用、分工特色鲜明、品牌形象突出、服务平台完善的现代生态产业网络，并进行副产物交换、实现污染零排放。最终实现人地和谐、经济与自然和谐、社会与环境和谐。

二、生态文明建设的产业布局原则

1. 经济、环境和社会协调发展原则

生态文明建设的产业布局强调经济与环境、社会的协调发展，经济利益与环境利益、社会利益并重，寻求三者利益最优化。充分考虑资源约束和自然的承受度，特别是在生态脆弱地区，通过合理调整产业布局，建立一个可以实现资源循环利用、清洁生产的产业良性循环经济系统。工业的发展规模必须与社会经济发展水平相一致。考虑环境容量，建立与环境相协调的生产规模和产业结构，实现经济、社会、环境的协调可持续发展。

2. 空间均衡原则

产业布局与经济分布、人的分布是密不可分的，因此进行产业布局时要充分考虑地区经济与人口在一定空间上的均衡问题。第二、第三产业的聚集地都分布在一个相对比较集中的区域，其通过引导产业的布局，为人们提供大量的就业岗位，来引导人口的聚集。在资源稀缺的地区，要有计划地引导夕阳产业退出，在资源相对比较少的地区，要在一定程度上限制城镇的过量发展与人口的过度聚集。同时还要创新产业结构，优化产业布局。

3. 市场效率原则

在市场经济的大环境下，市场经济发展的客观规律在产业布局中发挥着重要的作用，这就要求进行空间布局时必须要与市场经济的客观规律相适应，充分考虑区域经济的整体性与系统性。在总体发展规划的指导下，充分发挥市场机制的作用，使产业布局整体上是合理的、科学的，以达到用最小的投入获得最大的产出。

4. 产业共生原则

进行生态文明建设的产业布局时要充分考虑产业之间的联系。随着工业的发展，工业污染问题日益严重。建立生态产业共生系统，使人类的产业系统效仿自然生态系统，将产业系统友好地融入自然生态系统中的物质循环和能量流动的大系统中去，已经成为历史发展的必然趋势。利用产业间的共生关系，使一个产业的投入来自另一个产业生产过程中的副产品或者是废弃物，既实现了减排的目标也实现了资源的循环利用，使整个产业体系转变成各种资源循环流动的闭环系统，建立起一套完整的产业共生系统，在提高经济效益的前提下保护了生态环境。

5. 优势互补原则

不同的地区自然客观条件不同，面临的发展机遇和挑战也不同，因而必须充分利用这些条件和挑战，建立主导职能产业，综合考虑其地理特色和优势，立足区域的资源条件，兼顾产业发展现状和长远发展的需要，确定区域主导产业，积

极发展新兴产业，合理布局，统筹兼顾，节能减排，形成区域间产业互补错位发展的格局，促进经济健康发展，提高区域整体竞争力。

6. 集约化发展原则

土地的稀缺性决定了生态文明建设时要走土地利用的集约化和高效化路线。充分利用产业布局，充分发挥地方生产要素的聚集性，调整企业空间分布，要以优势产业为中心，引导关联产业集中布局，建立完整的生态产业链，促进地方经济的高速增长，提高土地的利用率，尤其是在集约化方面，要加强企业的聚集度，实现集中集约发展。

7. 产业集聚原则

产业集群是一种具有生态学特征的柔性"创新群落"，它的产生与演化符合生态学的基本规律。近年来，产业集群污染、生态负外部效应等问题日益突出，生态产业集群概念随之产生。作为遵循生态经济原理和规律、生态功能较强的进化型产业集群，生态产业集群具有整合经济、社会和生态的功能，有实现资源可持续利用的特征。随着社会分工的细化和产业的细分，不同的产业所具有的集群特征不尽相同，因此在生态文明建设的产业布局中，应充分考虑到产业的集群特性，构建生态产业集群，形成产业集群的生态效应，实现资源的优化配置，以及经济、社会、环境的可持续发展。

三、生态文明建设的产业布局层次

差异性是生态文明建设时进行产业空间布局地域层次划分的显著特征。在不同区域内，产业布局的目标要求和决策要素存在很大的差别。产业布局根据其地域层次可分为地区布局、地点布局和厂址布局，分别对应着产业布局的宏观、中观和微观层次（图 7.2）。

1. 产业布局的地区层次

1）地区布局

产业布局的战略环节是地区布局。地区布局是选择整个宏观区域地带的最优布局策略，其他都是以此为基础的，其中包括确定各地带在区域经济发展中的战略地位及其各自发展方向，并确定具有区域意义的产业基地。

产业地区布局的基本原则：一是以产业共生理论为指导，建立能够在充分利用各种资源的基础上的，使经济、环境和社会共同发展的产业系统，促进区域内及各地区经济的协调可持续发展。二是合理的产业布局，优化产业结构。构建具有稳定结构的产业共生系统，充分利用产业间的关系，在产业地区布局内构建完整产业链，实现资源在区域内的循环利用，最终实现清洁生产。三是合理的产销

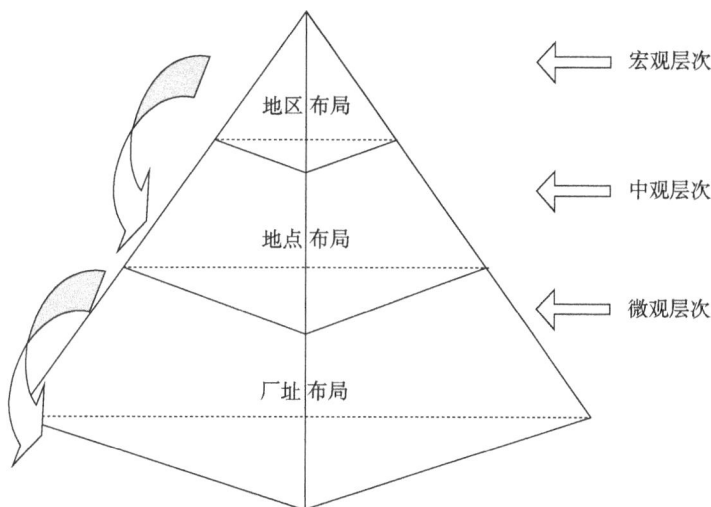

图 7.2　生态文明建设的产业布局层次

区划和推进专业化生产。精简销售流程，规划销售渠道，通过专业化生产，提高生产率，实现高效率和高效果的双重目标。

2）地点布局

地点布局基本上是指在一般地区（市）的层面上的布局，即地区布局完成后，布局的重点应放在选择生产条件好、建设条件完善的地点或城市进行建设上。建立第一生产综合体是地点布局的首要目标，故地区的基础配套条件是进行该层次布局时重点考虑的问题。同时重点分析该地区是否有建设该项目的能力，以及对该地区的某种平衡状态的影响程度及这种影响所带来的利弊，这种平衡状态首先考虑的应该是环境和生态状况。对于高技术工业的地点布局，首先要求地区要有良好的地理环境，并且靠近科研单位和高校集中区域，同时要具有便利的交通。

3）厂址布局

地点布局的任务完成后，接下来的工作是进行厂址布局。厂址布局的任务是确定厂址的位置或地段，其直接目的是保证在企业及以后的生产过程中，能够具备较好的生产和生活条件，以节省企业基本建设费用，便于供应原材料和燃料动力。厂址布局要求与所在的小区域规划相协调。

2. 不同层次地域中区位因素对产业布局的作用

地区布局、地点布局和厂址布局都和产业布局密切相关。地区布局是产业布局的宏观层次，是产业布局时的战略指导；地点布局是产业布局的中观层次，是产业进行布局时的战术选择；厂址布局是产业布局的微观层次，是产业布局具体实施方案的选择与部署。在时间上，它们的先后顺序为地区布局到地点布局再到厂址布局，前一布局将直接影响下一布局，同时下一布局也直接反映上一布局，其中每一布局考虑的因素都是不同的。总的来说，地区布局主要考虑资源条件和社会发展的综合平衡问题，地点布局和厂址布局主要考虑的是建设条件和生产条件。具体区位因素如表 7.1 所示。

表 7.1　区位因素对产业布局的影响

区位因素	地区布局	地点布局	厂址布局
自然因素			
矿物原料与燃料动力	★★	★	
水资源	★	★★	★
土地资源		★	★★
地形、地质			★★
经济因素			
现有经济基础	★★	★	
基础设施	★	★★	★★
集聚作用	★	★★	★★
居民、劳动力的数量和质量	★★		
社会政治任务			
均衡布局	★	★	
民族政策	★		
环境保护与生态		★	★
运输与费用	★	★	★
经济地理位置	★★	★	

注："★★"和"★"表示各因素对该布局阶段产生影响程度的大小，没有标出的部分表示该因素对该布局阶段没有影响

四、生态文明建设的产业布局模式

1. 增长极模式

增长极模式是在增长极理论的基础上提出的，增长极是指具有推动其他产业发展作用的主导产业和创新产业及其关联产业聚集形成的经济中心（图 7.3）。在产业发展方面，增长极通过与周围的经济技术联系而成为区域产业发展的组织核心；在空间上，增长极是支配经济活动空间分布与组合的中心；在物质形态上，增长极则表现为区域的中心城市。由于区域有大小之分，因此增长极也有规模等级之分。

增长极主要通过支配效应、乘数效应、极化效应与扩散效应来对区域经济活动产生组织作用。

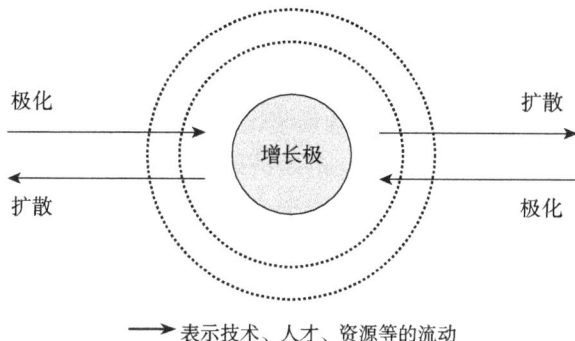

→ 表示技术、人才、资源等的流动

图 7.3　增长极模式

（1）支配效应。增长极具有技术、经济方面的先进性，能够通过周围地区的要素流动关系和商品供求关系对周围地区的经济活动产生支配作用。

（2）乘数效应。增长极的发展对周围地区的经济发展产生示范、组织和带动作用，从而加强了与周围地区的经济联系。在这个过程中，受循环积累因果机制的影响，增长极对周围地区经济发展的作用会不断强化和放大，影响范围和程度随之增大。

（3）极化效应与扩散效应。极化效应是指增长极的推动性，产业吸引和拉动周围地区的要素与经济活动不断趋向增长极，从而加快增长极自身的成长。扩散效应是指增长极向周围地区进行要素和经济活动输出，从而刺激和推动周围地区的经济发展。增长极的极化效应和扩散效应的综合影响称为溢出效应。当极化效应大于扩散效应时，则溢出效应小于零，将有利于增长极的发展；当极化效应小于扩散效应时，则溢出效应大于零，将有利于周围地区的经济发展。

生态文明建设的产业布局必须充分考虑增长极和周围地区间的关系。统筹兼顾二者的关系，使其协调与发展，并建立完整的产业体系，实现资源的循环利用与经济的可持续发展。

2. 点-轴开发模式

点-轴开发模式是对增长极模式的延伸，通过应用增长极理论谋求落后地区进一步的发展，是从增长极模式演变而来的区域产业开发布局模式。其将图论引入产业布局模式，将经济看做由点和轴组成的空间组织形式。所谓的"点"是指增长极；而"轴"则是指交通线路。其基本思路是：在选定的范围内，选择主要交通线路经过地带，并要求这些地带有良好的资源环境和较大的开发潜力作为发展轴予以重点开发；然后在发展轴上确定增长极，并确定其发展方向和功能；确定发展战略重点中的抉择极和发展轴的等级体系。

在生态产业布局中，可以通过点-轴开发模式充分发挥地域资源与技术优势，带动发展轴沿线的周边地域经济的发展，将生态产业链延伸到发展轴周边区域，带动更大范围内的生态建设，构建更完善的生态产业系统。

3. 网络模式

在经济布局框架已经形成，点-轴系统比较完善的地区，进一步开发就可以构成现代区域的空间结构。一个现代化的经济区域，其空间结构必须同时具备下列三大要素：一是节点，即增长极的各类中心城镇；二是域面，即沿轴线两侧节点所吸引的范围；三是网络，即通过各种方法、工具和渠道联结各种生产要素而形成的供能系统。网络开发可增大节点与域面之间生产要素交流的广度和深度，促进地区经济一体化，特别是城乡一体化；网络的外延，则可将区域的经济技术优势向四周区域扩散，将更多的生产要素进行合理的调整组合。这是区域发展中一种比较完善的模式，是区域经济发展走向成熟阶段的标志。

生态文明建设的产业布局，最重要的原则之一就是形成产业的集聚效应，促进资源的高效配置、发挥地域产业资源优势，带动关联产业的发展、带动周边地区经济的发展。这种扩散效应仅仅通过几条发展轴的带动很难实现，必须要建立一个与点-轴系统相互耦合、有机关联的网络模式。通过网络的外延，将生态技术、人才、信息等优势向整个区域内甚至区域外扩散，以促进经济一体化的发展。

第四节　本　章　小　结

本章在传统产业布局理论、产业布局影响因素分析的基础上，对生态文明建设的产业布局内涵、原则、层次及模式进行了全面、系统的研究。产业布局是产业结构研究的重要内容之一，产业结构调整要与产业空间布局相结合。

第八章 生态文明建设的产业结构优化

产业结构优化是产业结构研究的重要内容，本章对生态文明建设的产业结构优化内涵、目标、条件和路径进行了分析，并基于 PSR 模型构建了生态文明建设的产业结构优化的指标评价体系。

第一节 生态文明建设的产业结构优化内涵

传统的产业结构理论认为，产业结构优化过程就是通过相关产业政策调整影响产业结构变化的供给结构和需求结构，实现资源优化配置与再配置，来推进产业结构的合理化和高度化发展[93]。产业结构优化的最终目标是要实现经济的快速增长，而不考虑环境与生态等因素。

生态文明建设视角下的产业结构优化与传统意义上的结构优化不同，它不仅强调经济（产业）量的增长与质的改进，更强调通过产业结构优化实现产业的持续、健康、有序发展，以及经济、自然、社会的和谐共生，要求结构状态及变化趋势符合生态文明理念，产业结构优化的方向应该促进生态文明建设、促进产业生态化转型、促进产业结构自组织能力与可持续发展能力的增强。生态文明建设的产业结构优化就是产业结构经过不断调整与革新，结构逐渐趋于合理化、高度化与高效化，促进产业结构自组织能力与可持续能力增强的过程（图8.1）。

1. 产业结构合理化

产业结构合理化不是产业间的绝对平衡关系，而是产业间具有较强的互补和谐关系及相互转换能力，其核心内容是产业结构的协调。产业结构协调化是指合理配置产业间的经济要素，并使产业间形成相互促进、和谐互补的有序运动。产业结构协调主要包括：产业间相对地位的协调，即产业结构要有明显的层次性与等级性；产业间关联方式的协调，即产业间在投入产出联系基础上要相互服务，相互促进，某一产业的发展通过产业关联可以促成其他产业的建立与发展，而不

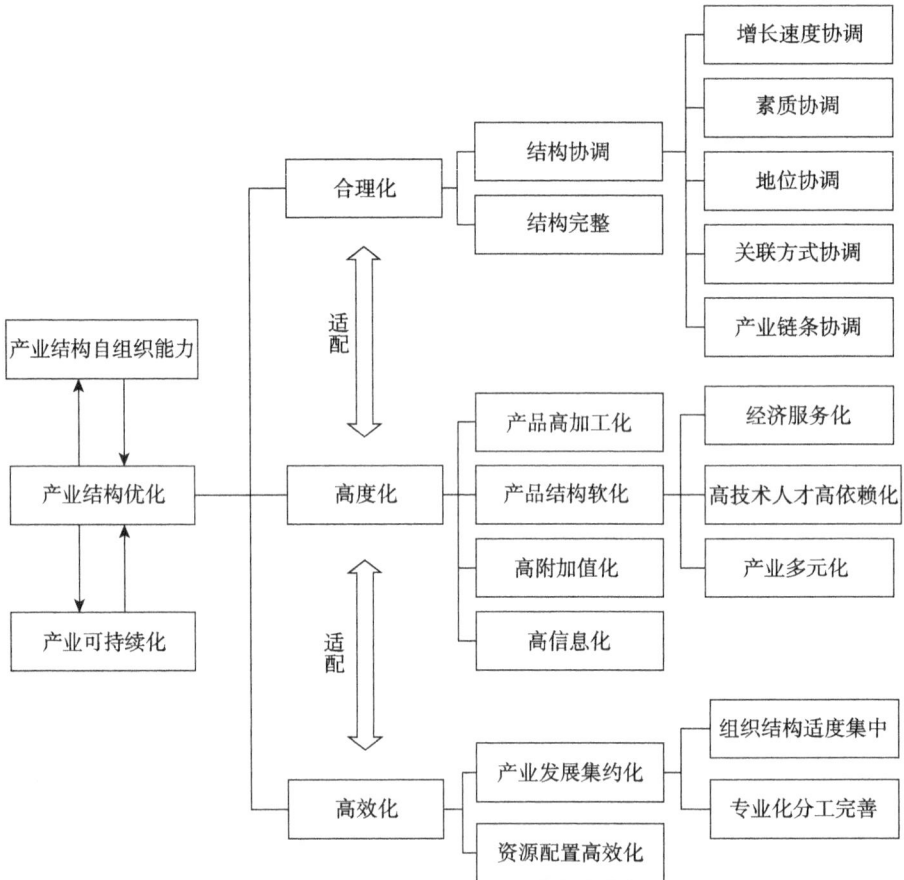

图 8.1　产业结构优化的内涵

是削弱其他产业的发展；产业部门增长速度的协调与均衡；产业间及各部门间的素质协调；产业链条的协调，包括产业链条内部以"链核"为中心的各环节间协调和产业链条之间的协调[148]。产业结构的合理化还表现为产业结构的相对完整与独立，一个国家或者地区要建立完整而独立的产业体系，利用地域优势发展当地经济，发展战略性与先导性产业。

2. 产业结构高度化

产业结构高度化是指产业结构不断从低级向高级、由简单到复杂的动态演变过程。产业结构高度化必须符合生态文明的建设要求，具体包括以下几方面的内容：产业结构中的优势地位产业依次从第一产业转向第二、第三产业，从劳动密集型产业转向资本密集型和技术（知识）密集型产业；高附加值产业比重不断增加；产品高加工化；产业结构软化，主要表现为经济服务化、对高新技术人才的高依赖化和产业多元化；产业的高信息化。产业结构高度化主要体现为：产业对原材料和能源尤其是不可再生资源与能源的依赖程度下降，资源利用效率提高，产品技术含量增加，产业附加值增加，技术创新能力提高，以及产业可持续发展能力增强。

3. 产业结构高效化

产业结构高效化是指通过产业资源在不同产业之间及各产业部门内部的高效配置，使低效率的产业部门在国民经济中的比重不断降低，高效率部门的比重不断提高；通过技术改进与创新，提高资源的投入产出效率；以产业发展集约化、产业间协调效益最大化和各产业比重的合理变动为内容，实现产业结构整体效益的最大化、产业结构系统的效率最大化。产业结构高效化，要从各产业部门的不同特征分别加以分析：农业的高效化，就是要充分利用区域农业资源的比较优势，使农业结构向高效型、优质型和生态型转移，充分利用规模效应提高农业生产效率。工业高效化，就是要减少低效产业比重，以高效产业为先导产业和主导产业进行优先发展；产业集约化发展，即企业内部产业组织结构适度集中、产业内部专业化分工体系完善；产业间协调效益最大化，即产业或行业间信息传递、物质流通、能量利用、技术创新等系统完善、有序，产业高度关联，产业扩散效应较强；生态产出效率较高，即万元 GDP 资源、能量消耗较低，三废处理回收利用率或无害化处理率较高，资源再生水平较高，人均绿化面积（区域绿化覆盖率）较高。服务业的高效化，就是产业增值能力或吸纳劳动力的能力持续增强；比较劳动生产率不断增长，产业附加值率不断上升。

生态产业结构优化的三个主要趋势——合理化、高度化和高效化之间关系密切。产业结构合理化，即产业结构的整体性与产业结构的协调化，是产业结构优化的基础。它与产业结构高度化共同构成了产业结构高效化的前提条件。产业结构高效化，即经济-社会-生态效益的最大化、资源高效配置，是产业结构优化的重要目标。合理的产业结构并不意味着产业结构的高效，但产业结构的合理化与高度化的共同作用可以实现产业结构的高效化。产业结构优化的含义与内容是动态变化的，与经济发展阶段相适应。产业结构从单一分散到系统完整、从不协调到协调、从低效到高效的转变，产业链条之间的协同发展，产业结构的软化和产业集约化发展等，共同决定产业结构系统的协调与否，影响产业结构优化水平的高低、产业自组织能力和可持续能力的强弱。

第二节 生态文明建设的产业结构优化目标

生态文明建设的产业结构优化目标是要实现经济、社会与环境的协调发展，实现经济效益、社会效益和生态效益的最大化。

1. 资源配置最优化

生态文明建设的产业结构优化升级实质是资源的最优化配置，即把稀缺资源配置到生产率最高和产出最大的部门中去。产业结构影响着社会资源配置的效果，制约着经济的可持续发展，只有产业结构合理与科技进步和国内外市场需求相适应，社会资源才能实现高效配置，经济才会得到持续、健康发展。

2. 经济-社会-生态效益最大化

实现经济-社会-生态效益最大化是生态文明建设的产业结构优化的重要目标，即实现经济、社会与环境协调发展。在经济发展的过程中，社会资本、劳动力资源等生产要素向高收入弹性、高劳动生产率的产业部门流动，高收入弹性与高劳动生产率之间的利益机制推动着产业结构向高收益、高附加值的方向发展。随着产业结构的不断演进，产业结构的高度不断提升，促使产业结构效益不断增加。

第三节　生态文明建设的产业结构优化条件

产业结构系统并非孤立存在，其演变与优化离不开外部条件的推动作用，同时受其发展环境的影响和约束。产业结构调整要促进生态文明建设，就必须与其相互作用、相互影响的外部环境和谐共生、协调发展。所谓和谐共生、协调发展既包括对环境条件的充分利用，强化有利因素的推动作用；又包括通过对产业结构的适应性调整，减少不利条件的约束作用或减弱不良影响[149]。外部环境和条件具体表现为供给因素、需求结构、相关产业的变动、区域间的经济联系。

1. 供给因素

供给因素从广义上说不仅包括自然资源和生态环境，非自然因素中的人口因素、技术因素、投资、商品供应、进口，还包括政策体制、文化等环境因素。

一个国家或地区的自然资源与生态环境，对产业结构的形成与发展有非常重要的影响。在构建区域产业结构时，应该因地制宜。一般来讲，在资源丰富的地区，可以发展资源开发型、资源生产型产业，而在资源匮乏的地区，则不可能形成资源开发型产业结构，应该以服务型产业为主。自然资源最重要的特点是稀缺性，因而应该构建资源约束机制，通过技术改进等方法替代价格昂贵且稀缺的资源，将自然资源的约束性、限制性影响削弱；通过政府干预合理有效地配置与利用自然资源，促进产业结构优化升级，进而缓解或避免资源耗竭。传统产业发展采用的"资源—产品—废弃物"模式，即先污染后治理，对环境造成极大的破坏，超出了自然生态系统本身的承受、恢复能力，制约了产业的生态化发展。基于文明理念的产业结构优化升级可以解决产业的结构性污染问题，这将促进产业向可持续的方向发展。

劳动力、资本和技术是经济发展与产业增长的重要投入要素。资金供给的充裕程度和资金在各产业部门的投入比例均对产业结构变动产生极其重要的影响，具体表现为资金总量和投资结构对产业结构变动的影响；人口总量和人口素质因素影响着劳动力供给量、供给结构和人均拥有资源量，一般情况下，劳动力丰富的国家或地区会发展劳动密集型产业，而劳动力相对不足但资金充裕的国家资本密集型产业比较占优势；技术进步是推动产业结构变动的最主要因素之一，产业结构在一定程度上表现为生产技术结构，它的变动与升级将促进产业结构的优化升级。除上述的因素外，国际政治、经济环境、法律环境、政策体制也对产业结构变动有一定的影响；文化与观念因素同样有极其重要的影响作用，生态文明思想的产生与发展，促进了结构的调整，即向生态化、绿色化和可持续化方向发展。

2. 需求结构

发展经济、调整产业结构的目的就是要更好地满足人类生存与发展的需要，因此需求结构是产业结构变动的重要因素之一。影响其变动的需求因素主要包括两个方面，即消费需求和投资需求。随着人口数量与人均收入水平的增长，人们的消费需求、投资需求，以及消费结构和投资结构都在发生变化，产业结构也相应随之改变。消费需求对产业结构的影响主要表现为需求总量和需求结构两个方面。资金向不同的产业部门投入所形成的投资配置量的比例就是投资结构，投资需求结构对产业结构变动的影响最为直接，通常政府会采取一定的投资政策，调节投资结构以促进产业结构的升级。产业结构与需求协调发展的基本特征是产业结构的变动紧随、同步甚至主动引导需求结构的有序而有梯次的变化和升级。

3. 相关产业的变动

任何一个产业都不是孤立存在的，它的发展与其相关的、支持性的产业紧密联系。任一产业的变动都会受到与其相关产业结构变动的影响，同时影响和制约其他产业及其结构的变动。农业的生产为农产品加工和工业生产提供原材料，农业技术的改进与农业结构的变动将在很大程度上影响工业生产与工业结构。工业结构演进将同时影响第一、第三产业，生产性服务业与工业生产的联系更加紧密，其竞争力状况和结构变化直接影响工业产业的竞争力和结构优化。例如，钢铁与水泥等生产行业对房地产行业的影响是非常直接也是非常重要的，如果钢铁与水泥等产品生产发生变化将直接影响房地产行业的发展，反之，房地产行业对钢铁等行业的影响更是不容忽视的，房地产行业的兴衰直接影响着其相关产业链上产业发展状态。因此，相关产业尤其是支持性产业的变动对总体产业结构变动的影响是显而易见的。

4. 区域间的经济联系

任何一个区域经济的发展都不可能是封闭的，区域内外都存在一定的关联，如人才、资源、资金等的流动，技术的交流，产品的进出口等。因此，某一区域的产业结构调整必然会影响区域外的产业结构，并受到区域外产业结构变动的影响。在世界贸易全球化与世界经济一体化的背景下，区域内外的产业结构变动相互影响，相互促进，互动演进。国际贸易、国际投资、国际分工、区域产业转移等区域之间的经济联系和资源、产品、技术与劳务等要素的区际流动都影响着区域内外产业结构及经济结构优化。

国际贸易可以互通有无、取长补短和相互促进。由于存在产业关联，区域之间可以相互促进产业结构的高度化、高效化和合理化。区域投资包括区域内资本流出及区域外资本的流入，导致产业的相互转移。区域外的直接投资对产业结构的影响更为直接，外资企业直接决定了产品生产种类与数量，将直接影响区域内的产业结构；外资企业的供应结构与销售结构，将直接影响区域内结构的变化；外资企业的技术投入和创新，将促进该区域的产业结构升级。

第四节　生态文明建设的产业结构优化路径

在传统的工业文明框架下，产业结构优化的目标主要是经济增长，调整的是产业部门之间的数量，政策手段主要是利用经济杠杆作用，以激励性政策为主。生态文明建设的产业结构优化不能简单地追求产业之间的数量关系，而必须在经济社会和环境协调发展的目标下，以科学发展和循环经济为指导，从根本上解决高污染、高排放、高消耗的经济发展方式，综合利用行政、法律、社会和文化手段探索资源节约、环境友好型产业发展道路。

1. 生态文明建设的产业结构转型

我国区域经济发展不平衡，产业结构未能充分发挥资源优势，资源配置效率低，片面追求产业结构调整，忽视了本地区要素禀赋的特征，这种盲目赶超发达国家、中西部向东部看齐的产业结构调整模式必须向发挥资源优势的方向转变，优化资源配置。传统产业发展主要依靠物质资源基础，但物质资源具有稀缺性，经济发展到一定阶段后，产业必然以知识资源为导向，知识型资源因其具有的共享性、无限性和绿色性成为推动经济发展的主要驱动力，生态文明建设的产业结构必然从依靠物质资源转变为依靠知识资源。我国产业结构具有高消耗、低效率的特征，技术创新力度小，产业发展代价大，生态文明建设的产业结构必须依靠节能减排、绿色环保和循环经济等技术来向前发展。在政策导向上，由于强制性手段存在各种弊端，必须从主要依靠强制手段转向主要依靠政策诱导和经济手段推进产业升级。

2. 产业技术创新

由于信息技术的高速发展，产业结构调整必须注重信息化给传统产业带来的冲击，将高科技、环保技术运用于对传统产业的改造和升级中，将工业化和信息化相融合，深度发展软件产业、电子商务、电子政务、信息系统建设，实现"三网融合"，提升产业技术化水平，积极推进技术创新，加速现代服务业发展，加大对战略性新兴产业的投资建设力度。

3. 发展第三产业

生态文明建设的产业结构必须提高第三产业的比重，大力发展现代服务业。以信息、教育、金融、咨询、物流等为主的现代服务业发展需求潜力较大，需加大建设力度，并逐渐打破对传统服务业的垄断，扶持多元投资主体的大企业和大集团，发展名牌企业，使其走向国际化，提升竞争力。

4. 加强生态城（镇）和生态产业园（链）建设

生态城（镇）和生态产业园（链）建设是实现资源节约、废物利用、循环经济的直接路径，是生态文明建设的产业结构优化的手段，生态城（镇）和生态产业园（链）建设能充分发挥区域生态、资源产业和文化等方面的优势，带动全局发展，形成产业集聚、环境友好和资源节约、城乡协调发展的局面。生态文明建设的产业结构优化升级要注重提升生态城（镇）和生态产业园（链）规划和建设，推动产业结构生态化演化，加大经济发展中生态因素成分，提高绿色发展水平。

第五节　生态文明建设的产业结构优化升级系统评价

生态文明建设的产业结构优化升级系统评价，是以系统思想和科学发展观为指导，以实现生态文明建设为终极目标，统筹兼顾各产业子系统的局部性要求，从产业系统的整体性出发，对系统结构的可持续能力与自组织能力进行全面衡量。

产业结构系统要素及各子系统之间相互联系、相互影响又相互制约，只有从产业整体入手，改善系统要素功能并促进产业结构合理化、高度化和高效化，才能有效提高产业系统的整体功能，加快产业结构演变、促进产业结构优化升级[150]。由于生态文明建设的产业结构优化升级过程实质上是产业的自组织能力与可持续能力的提高过程。因此，全面反映产业系统结构升级状态，必须从产业自组织能力与可持续发展能力入手对其进行系统综合评价。

一、指标体系设计原则

在经济全球化的背景下,产业结构的优化升级受各种内部及外部因素的影响,而这些因素又是时刻变化的,因此产业结构优化的系统评价必须在科学、全面、客观、系统的原则基础上建立[151]。具体来说,评价指标体系的建立应遵循下列原则。

1. 科学性原则

科学性原则是指指标体系的构建必须符合产业结构演进规律,能够正确反映生态文明建设的产业结构优化的内涵及标准,反映系统内部及系统之间的数量特征,指标关联性小。

2. 目的性原则

目的性原则是建立指标体系的出发点,只有满足系统目标的评价指标体系才是合理有效的。生态文明建设的产业结构优化目标就是要建立节约资源能源、保护环境、生态–经济–社会协调发展的产业结构系统。

3. 整体性原则

产业经济系统是一个多层次、非线性、复杂时变的巨系统,系统组成要素和子系统之间相互关联、相互影响。因而,所选取指标应该能够从整体上反映产业结构系统的特征、现状和动态变化趋势。

4. 可操作性原则

产业结构优化升级系统评价指标体系的设计必须充分考虑指标资料的现实可获得性、可比性和有效性,所选取的指标要具有时序可比性和在同一时间横截面上的可比性。

二、评价指标体系设计

(一)指标体系构建方法

构建评价指标体系的方法有很多种,如层次分析法、棱柱模型、DEA 和 PSR模型等,其中 PSR 模型在构建可持续发展系统、环境健康系统等评价中应用得比较广泛。

人类社会经济活动与自然环境存在着相互依存、相互影响的关系。人类社会经济活动依赖自然资源与环境,从中获取物质与能量,通过生产与消费等活动向自然界排放废弃物,影响自然资源存量与自然环境质量;自然资源与环境状态反过来又作用于人类社会,影响人类的繁衍生息。如此往复循环,形成社会经济与环境之间的 PSR 关系。Rapport 和 Friend 最早提出了 PSR 模型,用以分析生态环境压力、自然资源与环境现状和人类响应之间的关系[152]。20世纪70年代，经济合作与发展组织（Organization for Economic Cooperation and Development，OECD）修改了该模型，并提出可持续发展指标体系的PSR模型的概念框架；80年代末90年代初，OECD对模型进行了适用性和有效性评价[153]。PSR模型是应用比较广泛的指标评价体系构建方法，主要应用于农业可持续发展评价、农业生态系统健康性评价、湿地健康性评价、水资源承载力评价、生态安全评价，以及风险评价等多个领域[154~158]。

　　生态文明建设的产业结构优化的实质是以生态文明的理念为指导，通过技术改进、管理创新等方式，实现产业结构向合理化、高度化和高效化的方向发展，其最终目标是实现产业的自组织能力与可持续能力的增强，因此对产业结构优化升级系统评价就是对产业结构的可持续能力和自组织能力的评价。评价的内容包括环境与产业结构及产业之间的协调发展、产业结构的自组织能力，以及人类对环境状况、产业结构状况的采取措施是否有效等多个方面。PSR模型采用原因—效益—响应的思维逻辑，目的是要解决"发生了什么"、"为什么发生"和"人类该如何做"这三个问题，完全适用于生态产业结构优化升级系统评价指标体系的构建。

（二）生态文明建设的产业结构优化升级系统PSR框架模型

　　本书把PSR的思想应用于建立生态文明建设的产业结构优化升级系统评价指标体系上，设计了一个PSR概念模型（图8.2），突出反映了经济的过快增长、人类的过度消费导致自然资源短缺、环境污染、生态破坏、产业不可持续发展等问题，以及人类通过产业结构调整、技术创新和环境保护等方式，缓解自然环境与资源的压力，改善自然资源与环境状态，实现人类社会经济与环境的和谐共生。该模型分析了人类活动对自然环境与资源造成的压力，以及因此造成的产业结构系统可持续发展的障碍。这些活动包括人类生产、流通、消费等各个环节对资源过度消耗与浪费、对环境的污染与破坏等行为，涵盖了农业、工业、服务业等各个领域。这些行为给自然资源与环境造成了巨大压力，导致各种自然资源短缺甚至枯竭、环境严重污染、生态严重破坏、环境的适宜性和生物多样性遭到破坏。人类透过自然资源的状态变化反思自身的行为，通过产业结构调整、社会观念更新、法制建设、制度完善、技术革新等方式做出响应，从而改善环境与资源状态，促进人与自然的协调发展。

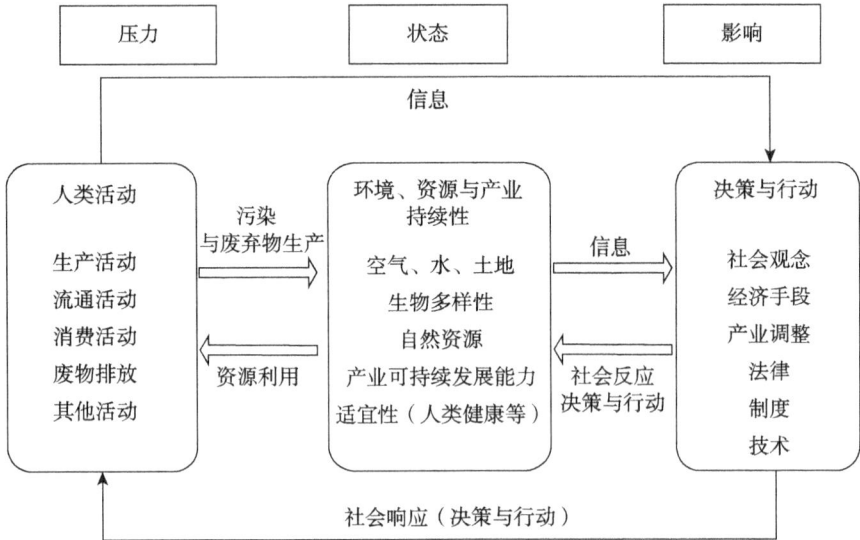

图 8.2　PSR 概念模型

（三）基于 PSR 概念框架的产业结构优化的系统评价指标体系

生态文明建设的产业结构优化包含产业结构协调发展、生态环境、技术进步状况、供给需求结构及区域比较优势等多个方面。基于 PSR 概念模型，本书将产业结构系统的指标分为压力指标、状态指标和响应指标，构建了一个生态文明建设的产业结构优化系统评价指标体系（图 8.3）[150, 151]。

1. 压力指标

1）就业–产值偏离度

就业–产值偏离度主要反映的是就业结构与产业结构调整的适应性。两者之间的不适应程度越高，就业–产值偏离度指标值越高，就业结构调整的产业结构效益越低。两者之间的偏离程度越低，就业结构与产业结构相对适应程度越高，产业发展相对越均衡。计算公式为

$$d_i = p_i - q_i（i=1，2，3）$$

式中，d_i 表示就业–产值偏离度；p_i 表示第 i 产业的就业比重（第 i 产业劳动力系数）；q_i 表示第 i 产业的产值比重。

2）万元 GDP 能耗

随着人们生态观念和可持续发展观念的不断增强，人们已经形成了节约资源、保护环境、关注生态成本的共识，绿色 GDP（green grass domestic products，GGDP）核算体系的构建逐渐被社会各界所关注。狭义的 GGDP=传统 GDP–自然资产损

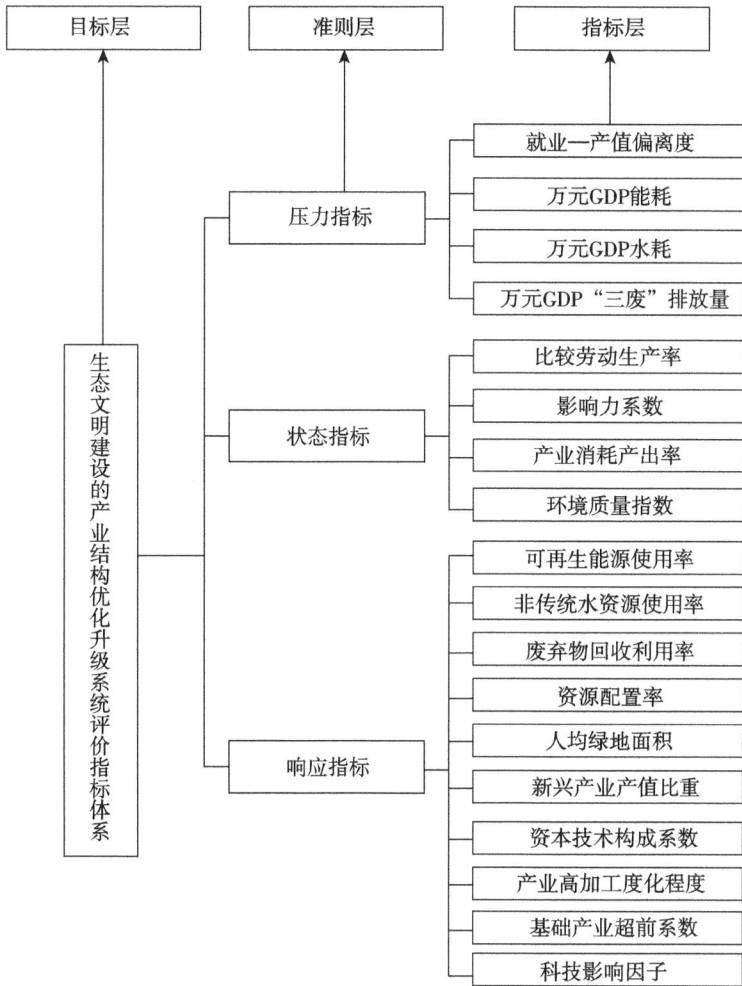

图 8.3 基于 PSR 概念框架的产业结构优化升级系统评价指标体系

失，是真实国民财富的总量核算指标。万元 GDP 能耗（吨标准煤/万元）作为一个反映资源利用水平的指标，是指能源消耗总量与 GDP 的比值，计算公式为

$$I_1 = \frac{R}{GDP}$$

式中，I_1 表示万元 GDP 能耗；R 表示能源消耗总量；GDP 表示国内生产总值。

3）万元 GDP 水耗

万元 GDP 水耗（万立方米/万元）是指水资源消耗总量与 GDP 的比值，反映的是水资源利用水平，该指标的计算公式为

$$I_2 = \frac{W}{GDP}$$

式中，I_2 表示万元 GDP 水耗；W 表示水资源消耗总量。

4）万元 GDP"三废"排放量

"三废"的大量排放是造成环境污染与环境破坏的主要因素，对"三废"进行治理要从改善生产结构与消费结构入手，从源头上进行减量化生产，从生产工艺上进行技术改进，减少废弃物的排放量。万元 GDP"三废"排放量是反映环境压力程度与生态化的指标，该指标的计算公式为

$$万元 GDP"三废"排放量 = \frac{报告期"三废"排放总量}{报告期 GDP} \times 100\%$$

2. 状态指标

1）比较劳动生产率

比较劳动生产率是指某一产业产值占社会总产值比重与该产业的劳动力比重之比，它综合反映了产业间劳动力结构与产值结构之间的关系。其计算公式为

$$C_i = \frac{Y_i}{Y} \bigg/ \frac{L_i}{L}$$

式中，C_i 表示第 i 产业的比较劳动生产率；$\dfrac{Y_i}{Y}$ 表示第 i 产业总值份额；$\dfrac{L_i}{L}$ 表示第 i 产业劳动力比重。

2）影响力系数[159]

影响力又称带动度，是指某一产业或经济部门对其他产业或部门的拉动作用，并用影响力系数来表示。具体而言，影响力系数是指某一个特定年度国民经济最终的产出结构系数下某一个部门的最终产出对其他各个部门的拉动作用。其计算公式为

$$f_j = \sum_{i=1}^{n} c_{ij} \alpha_j$$

式中，f_j 表示第 j 部门的影响力系数；c_{ij} 表示完全需求系数；$\alpha_j = \dfrac{y_j}{\sum y_j}$ 表示最终产出结构系数，y_j 表示第 j 部门的最终产出。

3）产业消耗产出率

产业消耗产出率是指每消耗一单位的资源或能量，能够带来的产出效益，即总产值的多少。其计算公式为

$$CS_i = \frac{G_i}{S_i}$$

式中，CS_i 表示第 i 产业的消耗产出率；G_i 表示第 i 产业的国民生产总值；S_i 表示第 i 产业的总消耗。

产业消耗产出率的值越大，说明该产业的效益越好，既可以对不同产业经济效益进行评价，也可以对同一产业不同时期的经济效益动态变化特征进行评价。

4）环境质量指数

环境质量指数（environment quality index, EQI）分为总环境质量指数和单要素环境质量指数。单要素环境质量指数包括大气质量指数、土壤质量指数、水质指数等。一般用 C_i/S_i 计算 i 污染物的分指数，其中 C_i 表示 i 污染物平均监测浓度；S_i 表示 i 污染物的环境卫生标准。

3. 响应指标

1）可再生能源使用率

可再生能源使用率是指可再生能源在能源供应结构中的比重。可再生能源包括太阳能、风能、水能、地热、潮汐、生物质能等可在自然界中再生的能源。

2）非传统水资源使用率

该指标是指非传统水资源在水供给结构中占的比重。非传统水资源包括雨水、经过再生处理的废水及海水淡化水等。人类只有珍惜、保护、合理开发与利用、科学管理水资源，才能实现人类对水资源的持续利用，才能促进产业的永续发展和人类的可持续发展。该指标的计算公式为

$$非传统水资源使用率 = \frac{区域内非传统水资源年消耗量}{区域内水资源消耗总量} \times 100\%$$

3）废弃物回收利用率

废弃物回收利用率是指回收利用废弃物量（含资源化处理的废弃物量）占废弃物总量的百分比。该指标的计算公式为

$$废弃物回收利用率 = \frac{区域内回收利用的废弃物量}{区域内产生的废弃物总量} \times 100\%$$

4）资源配置率

资源配置率是指产业结构对经济资源的配置效果，反映了经济增长过程中资源的利用状态，可以利用哈罗德-多马模型得出的估计式计算资源配置率，即

$$E = \frac{\theta}{\varepsilon}$$

式中，E 表示资源配置率；θ 表示投资增长率；ε 表示经济增长率。

5）人均绿地面积

城市绿化是城市景观建设、生态建设的重要内容。城市绿地主要包括公共绿地、街道绿地、庭院绿地和专用绿地等多种类型。人均绿地面积指标反映了一个城市的绿化水平及人与环境的协调关系。

6）新兴产业产值比重

在经济全球化的时代背景下，科学技术突飞猛进，知识经济正在全面扩张，新兴产业不断兴起，很多传统产业逐步衰退。加快技术进步、增强技术创新能力、发挥新兴产业的先导作用，是适应全球经济调整、促进产业结构升级的重要手段。增加新兴产业比重是产业结构优化升级的重要趋势。新兴产业产值比重计算公式为

$$新兴产业产值比重 = \frac{新兴产业产值（增加值）}{GDP} \times 100\%$$

其中，环保产业所占的比重更能充分体现出产业结构的生态化程度、产业生态化的力度等。环保产业所占比重的计算公式为

$$环保产业所占比重 = \frac{环保产业产值（增加值）}{GDP} \times 100\%$$

7）资本技术构成系数

资本技术构成系数，也称资本技术生产集约化程度，是产业单位劳动力和产业中间投入之比。其动态指标为产业资本技术构成提高率，其计算公式为

$$产业资本技术构成提高率 = \frac{报告期技术构成指数}{基期资本构成指数} \times 100\%$$

8）产业高加工度化程度

该指标是指在一定时期内，整个区域产业体系中的加工工业产业增加值与原材料工业和采掘业的产业增加值的和的比值。它反映了产业结构高级推进力的程度，它的值越大说明高级化推进力的程度越大。其计算公式为

$$k = \frac{P_1}{P_2 + P_3}$$

式中，k 表示产业高加工度；P_1 表示加工工业的产业增加值；P_2 表示采掘业的产业增加值；P_3 表示原材料工业的产业增加值。

9）基础产业超前系数

基础产业包括基础工业与基础设施，从广义的角度来说，它还包括农业和服务业中的物流、交通运输、金融、水利等多个产业部门。基础产业的社会化程度较高，产业关联度、贡献率和就业率也相对较高，是关系国计民生的产业部门，具有不可替代性，应受到高度重视。为保证国民经济持续、稳定和快速地发展，应适当超前发展基础产业。其计算公式为

$$基础产业超前系数 = \frac{基础产业产值增长率}{GDP增长率}$$

10）科技影响因子

科技影响因子反映的是科学技术进步效益及信息化的响应程度，它对各产业部门的产出产生直接或者间接影响。

（四）指标体系分析

本书从系统的角度建立了生态文明建设的产业结构优化指标体系。从资源环境系统与产业结构系统可持续性的压力、状态，以及人类依据其存在状态与产生原因所做出的决策三个方面进行指标选择，指标选择的制定充分体现了生态产业结构系统的协调性、资源配置与利用效率、环境改善及资源环境对产业结构的反作用。

该指标体系反映了产业、社会与环境之间的协调共生状态，具有系统性和多层次性，可以通过构建系统动力学模型进行生态产业结构系统优化分析，具体内容将在第九章进行详细分析。

第六节　本 章 小 结

本章对生态文明建设的产业结构优化内涵、目标、条件和路径进行了详细的分析，并基于 PSR 模型构建了生态文明建设的产业结构系统优化的指标评价体系。在此基础上，将构建生态产业结构的系统动力学模型。

第九章　生态产业结构系统动力学模型构建

　　根据上述各章节关于生态文明建设的产业系统要素构成、产业结构特点、产业结构优化内涵与条件、产业结构优化评价原则、产业结构优化的系统评价指标体系和产业布局等方面的理论分析,本书明确了生态产业是生态文明的物质基础,生态产业结构系统的形成是生态文明建设的关键,生态产业结构演进将促进生态文明发展。本章基于生态文明系统与生态产业结构系统之间的关系,利用系统动力学理论与方法,从广义的产业结构系统视角出发,通过对产业系统要素之间的关系分析,构建生态产业结构系统因果关系图、各子系统的系统流图,建立生态文明建设的生态产业结构系统动力学模型,进而可以利用 Vensim 软件对生态产业结构系统进行系统动力学仿真分析。

第一节　系统动力学理论分析

　　系统动力学最早是由麻省理工学院(Massachusetts Institute of Technology)的福瑞斯特(Jay W. Forrester)教授于 1956 年创建的,为系统动力学的进一步深化研究与发展奠定了基础。系统动力学是在第二次世界大战以后,伴随工业化的产生与发展,城市人口剧增、失业率持续上升、环境污染日益严重、各种资源相继枯竭等社会问题在各国愈演愈烈的背景下应运而生的。这些问题之间的联系极为密切,既相互影响又相互制约,包括两类复杂性问题,即"细节性复杂"和"动态性复杂"。一般具有以下特征:原因和结果不明确,且结果并非显而易见;同一行动其短期和长期的影响常具有极大的差异;一个行动在不同的部门中会产生一系列不同的结果;可见的干涉行为,产生不可见的结果。为了处理和解决这些范围广泛、因素众多的社会、经济与环境系统等复杂问题,系统动力学理论与方法的产生成为时代发展的必然要求,它是社会发展与科学技术进步的必然产物。

系统动力学是通过定量与定性相结合、系统分析与综合推理相结合的方法，基于控制论、反馈论、系统工程理论，以信息处理与计算机仿真技术为基础，研究非线性复杂巨系统并对其进行科学决策的一种交叉的综合性学科。它是系统科学和管理科学的一个分支，也是沟通自然科学和社会科学等领域的横向学科。系统动力学认为系统的行为模式取决于系统内部的动态结构和信息反馈机制，通过建立系统动力学模型，利用计算机仿真技术展示了决策是如何产生问题，以及应该如何制定政策来摆脱困境的。因此，本书选用系统动力学方法对社会系统、环境系统、经济系统等真实系统进行仿真，对系统的结构、功能和行为的动态关系进行研究，发现问题产生的根源，找到问题解决的路径以指导产业生态系统的健康演进。

一、反馈系统的构成

系统动力学认为，任何决策的制定都基于一个信息反馈系统，只有掌握系统结构特征，以及信息对该反馈系统的关联作用，才能做出合理、有效、正确的决策。系统动力学的研究基础是系统反馈的因果关系，是对社会、经济、环境等复杂系统问题进行结构分析、构建动力学模型并进行模拟仿真的基础。对整个系统而言，反馈是指系统输出与系统外部环境输入之间的关系。反馈系统是包含反馈环节或闭环信息通道的系统，其特点是形成一个相互关联的因果反馈回路。生态系统、产业系统和社会系统等都是反馈系统。

因果关系是系统动力学建模的基础，是反馈系统的基本构成。因果关系通常用一个箭头线表示，如图 9.1 所示的"投资能力→建设中铁路数"。其中，箭头线称为因果链，表示变量"投资能力"到变量"建设中铁路数"的作用。当互为因果的两个变量变化方向一致时，称两个变量有正因果关系，如投资能力增加时可以增加建设中铁路数，两者具有正因果关系。如果两个变量的变化相反，则称两个变量具有负因果关系，如铁路数与铁路拥挤程度就是负因果关系。因果链的正负关系可以用"+"和"-"表示。由各个因果链组成的闭合的回路就构成了一个因果反馈回路。

按照反馈系统的特性可以将其分为正反馈与负反馈。正反馈的特点是可以产生自身运动的强化过程，反馈结果对产生反馈作用的运动或动作起到强化作用，使原来的趋势得到加强。负反馈的特点是可以自动寻求给定的目标，使系统偏离目标的运动收敛，并趋于稳定状态。具有正反馈特点的回路称为正反馈回路（图 9.1 中左侧的反馈回路为正反馈回路），具有负反馈特点的回路则称为负反馈回路，或称寻的回路（图 9.1 中外围的闭合回路为负反馈回路）。正反馈回路起主导作用的系统称为正反馈系统，具有自我强化作用；反之，负反

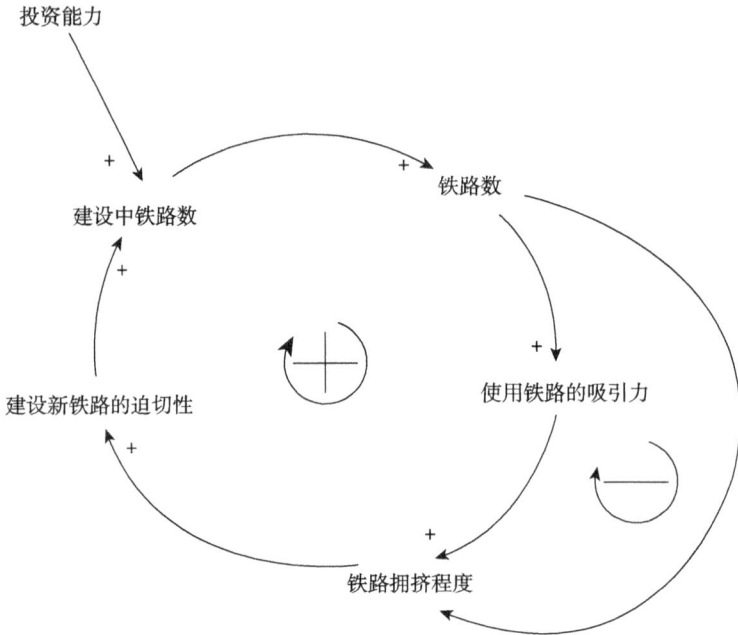

图 9.1　因果关系图

馈回路起主导作用的系统则称为负反馈系统，或称寻的系统，具有自我调节的作用。

二、流图与系统方程

系统因果关系图是描述系统结构的图像模型，没有反映出系统要素的特征及各要素之间量的关系，因此系统动力学提供了一种从因果关系图到数学模型过渡的模型表示方法——流图。系统动力学将系统中的物质与信息运动看成是流体运动，效仿阀门与浴缸的关系来描述速率与状态变量，这种描述系统的图形形式称为流图。流图可以清晰地描述系统内部及各子系统之间的因果与反馈结构，同时还可以明确变量的性质。其基本元素及相关表示如图 9.2 所示。

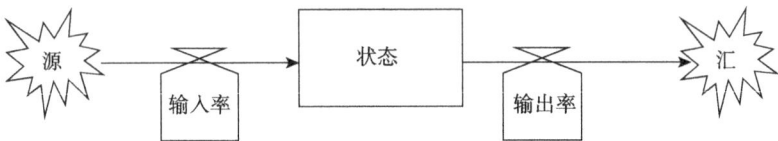

图 9.2　流图及其基本表达方式

1. 状态变量与方程

状态变量也称流位变量或积累变量，用以表示输入量与输出量的积累。计算状态变量的方程称为状态方程，状态方程有固定格式，用 DYNAMO 语言表示如下：

$$L\ \mathrm{LEVEL}.K = \mathrm{LEVEL}.J + \mathrm{DT} \times (\mathrm{INFLOW.JK} - \mathrm{OUTFLOW.JK})$$

式中，LEVEL 表示状态变量；DT 表示计算时间间隔；INFLOW 表示 JK 间隔内的输入率；OUTFLOW 表示 JK 间隔内的输出率；K 表示现在时刻；J 表示 DT 时间间隔以前的时刻。

2. 速率变量与方程

状态方程中表示输入输出的变量，上文中的 INFLOW、OUTFLOW 即为速率变量，由速率方程求出。速率方程一般用 R 来表示，速率方程与状态方程不同，没有标准格式。

3. 辅助变量与方程

速率方程没有固定格式，一般比较复杂，在建立速率方程之前大多需要进行一些辅助计算，引入辅助方程。辅助方程以字母 A 为标志。

4. 常数变量与方程

常数变量用来描述系统的参数或系数。在进行仿真时，常数变量保持不变。常数方程是给常数变量赋值的方程，用 C 表示。

三、系统动力学建模

运用系统动力学分析和解决问题是一个复杂、反复循环、逐步深化、逐步实现目标和满足要求的过程[160]。应用系统动力学研究问题的主要流程包括：运用系统动力学的理论、原理和方法对研究对象进行系统分析；根据系统特点进行结构分析；建立规范的系统模型；进行仿真分析；分析仿真结果及提出方案与对策建议（图 9.3）。

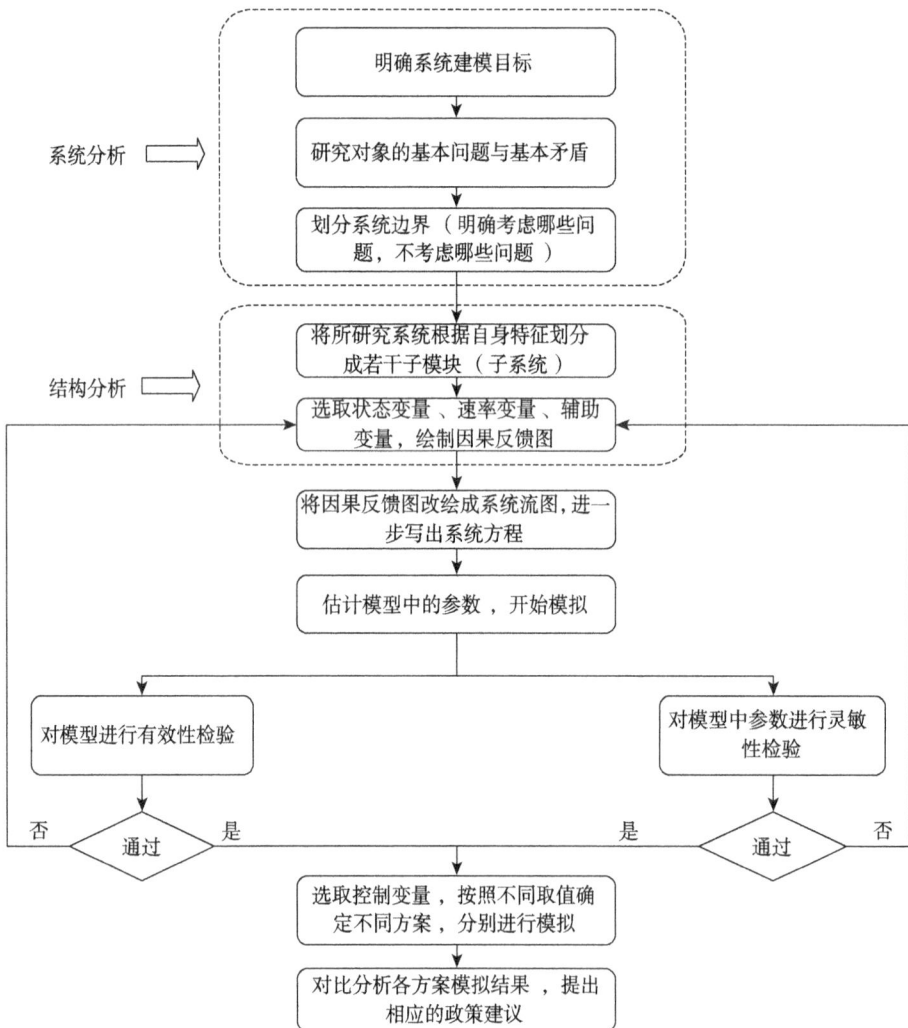

图 9.3　系统动力学建模流程

第二节　系统动力学应用分析

系统动力学的发展日趋成熟，研究与应用的范围也在不断扩大。美国、英国、法国、德国、日本等国纷纷采用系统动力学方法来研究各自的社会经济问题，涉及经济、能源、交通、环境、生态、生物、医学、工业、城市等广泛的领域。

随着社会环境问题和生态问题的扩大化，可持续发展问题已经成为当今社会研究的热点，其中一个表现就是可持续发展与系统科学的结合。系统动力学作为系统科学的一个分支学科,从 20 世纪 70 年代就开始对可持续发展问题进行研究。20 世纪 70 年代初出版的《增长的极限》就是基于系统动力学理论对可持续发展问题的研究。

系统动力学自 20 世纪 80 年代引入中国以来,其应用范围非常广泛,包括微观层次的企业管理问题、中观层次的区域规划及宏观层次的国民经济研究等。系统动力学在我国的可持续发展领域有大量的应用,大体上可以分为国家可持续发展、区域可持续发展、行业或产业可持续发展。国家层面的研究包括国家总体的可持续发展状况和社会、经济、环境、资源与能源等分领域可持续发展的状况的研究等[161~165];区域层面包括城市可持续发展的研究、流域可持续发展的研究及园区建设的可持续性研究等[166~169];系统动力学还应用于微观层面对行业或产业的系统动力学研究等[170, 171]。

可持续发展问题要解决的是经济、自然与社会的协调发展问题,实现经济、自然、社会和人的永续发展;生态文明的思想就是和谐,是人与自然、经济发展与生态进化的协调发展及人际和谐,两者在本质上是相同的。生态文明建设的重要内容是发展生态产业,实现产业结构调整的生态化、可持续化、高效化、合理化。在研究方法上生态文明的产业结构的研究可以借鉴可持续发展问题。

生态产业结构系统是一个开放复杂巨系统,系统结构之间联系密切,要实现系统内部结构之间,以及系统与外部环境之间的协调发展、互存共生,必须对系统实施有效的控制,系统动力学将是研究该问题的有力工具。尚天成等在《系统动力学的生态旅游系统承载力》一文中,利用系统动力学方法对生态旅游业的资源承载力、环境承载力、参与者承载力和产业承载力四个方面进行了研究[172]。张妍和于相毅用系统动力学方法从人口、资源、环境三个方面对长春市产业结构环境影响进行了仿真研究,以产业结构变化为政策参数,模拟了长春市产业结构在三个因素影响下的动态变化趋势,在多方案模拟分析的基础上提出了加大第三产业投资力度、控制人口规模、增加环保投资的调控政策[173]。

第三节　生态文明建设的生态产业结构系统建模

一、生态文明建设的生态产业结构系统分析

产业结构是人类作用于生态环境的重要环节,研究的是人与自然的关系,反映了人与资源、环境等各种自然要素的组合,及其之间所形成的各类生态关系组合[136],其组合类型与程度在一定程度上决定了经济效益、社会效益、环境效益和资源利用效益,因此对产业结构系统进行评价是十分必要和极其重要的研究内容。

生态文明建设要求人与自然和谐共处、协调发展，因此本章应用系统动力学建模的目的就是要以此为切入点，通过系统协调与控制来实现经济效益、社会效益和环境效益的统一。

生态文明建设的产业结构系统的影响因素有人口因素、资源与能源因素、环境因素、科技因素等，这些因素的输入制约着整个系统的结构状态及变化趋势，同时系统结构的调整也影响和制约着这些因素的状态与发展走向。生态文明建设的产业结构系统是一个由产业子系统、人口子系统、资源子系统与环境子系统组成的资源-产业-社会-环境复合的生态系统，各子系统之间的结构关系如图 9.4 所示。

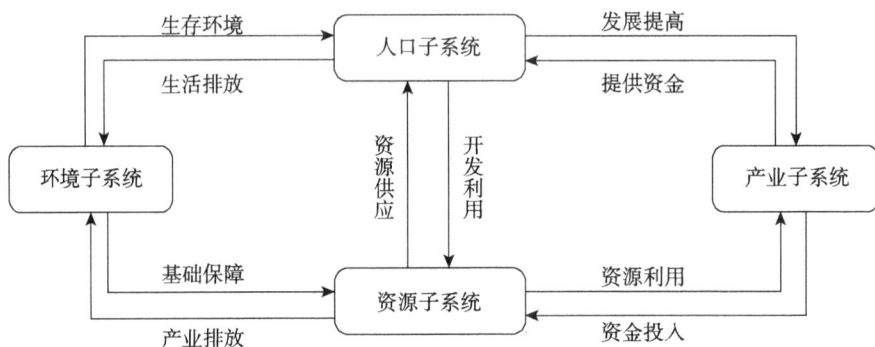

图 9.4　生态产业系统结构

二、生态文明建设的生态产业结构因果关系图

基于以上分析，本节建立了生态文明建设的生态产业结构系统因果关系图（图 9.5）。显然，系统内部各要素及各子系统之间都存在着一定的因果关系。在该因果反馈系统中，生态产业与环境、资源人口等系统之间相互影响、相互制约、相互促进。其主要反馈回路如下。

（1）GDP→+环保投入→+能源节约→-能源限制→-产业总产值→+GDP。

（2）GDP→+环保投入→-万元产值耗水量→+产业用水量→-水资源承载力→-产业总产值→+GDP。

（3）GDP→+环保投入→-万元产值废水排放量→+废水排放量→-水资源承载力→-产业总产值→+GDP。

（4）GDP→+环保投入→-资源消耗量→-资源存量→+产业总产值→+GDP。

（5）GDP→+环保投入→+废弃物处理率→+资源存量→+产业总产值→+GDP。

（6）GDP→+环保投入→+废弃物处理率→+环境质量→-环境污染对产业发展的影响→-产业总产值→+GDP。

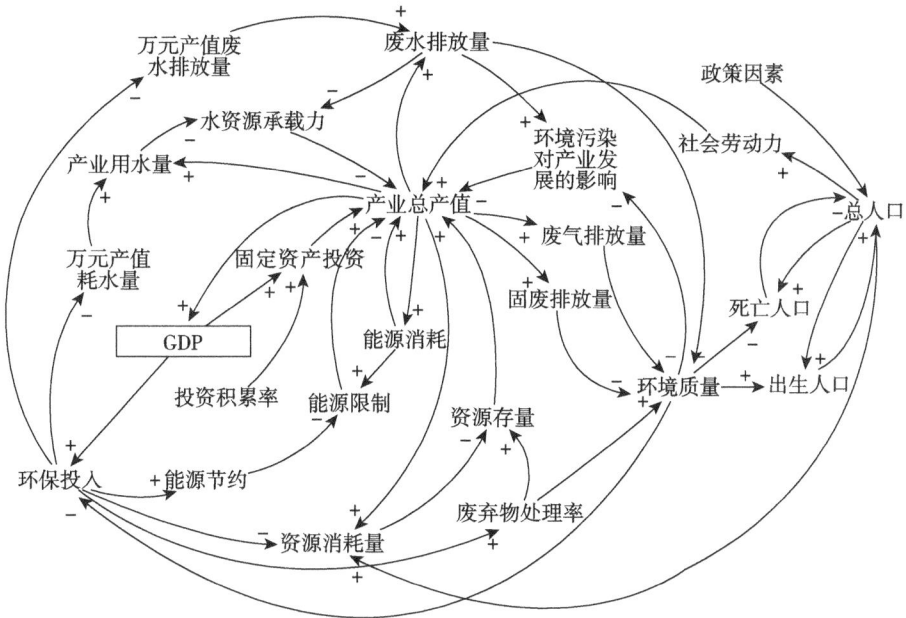

图 9.5　生态产业结构系统因果关系图

（7）环境质量→-环保投入→+废弃物处理率→+环境质量。

（8）环境质量→-环保投入→-万元产值耗水量→+产业用水量→-水资源承载力→-产业总产值→+废水排放量→-环境质量。

（9）环境质量→-环保投入→-资源消耗量→-资源存量→+产业总产值→+废气排放量→-环境质量。

（10）环境质量→-环保投入→-资源消耗量→-资源存量→+产业总产值→+固废排放量→-环境质量。

（11）总人口→+社会劳动力→+产业总产值→+废水排放量→-环境质量→+出生人口→+总人口。

（12）总人口→+社会劳动力→+产业总产值→+废水排放量→-环境质量→-死亡人口→-总人口。

（13）总人口→+资源消耗量→-资源存量→+产业总产值→+固废排放量→-环境质量→-死亡人口→-总人口。

三、系统动力学流图的构建与符号说明

本节在分析了生态产业结构因果反馈关系的基础上构建了以产业子系统为核心的，包括人口、资源、环境和资源子系统在内的生态产业结构系统动力学流图（图 9.6）。

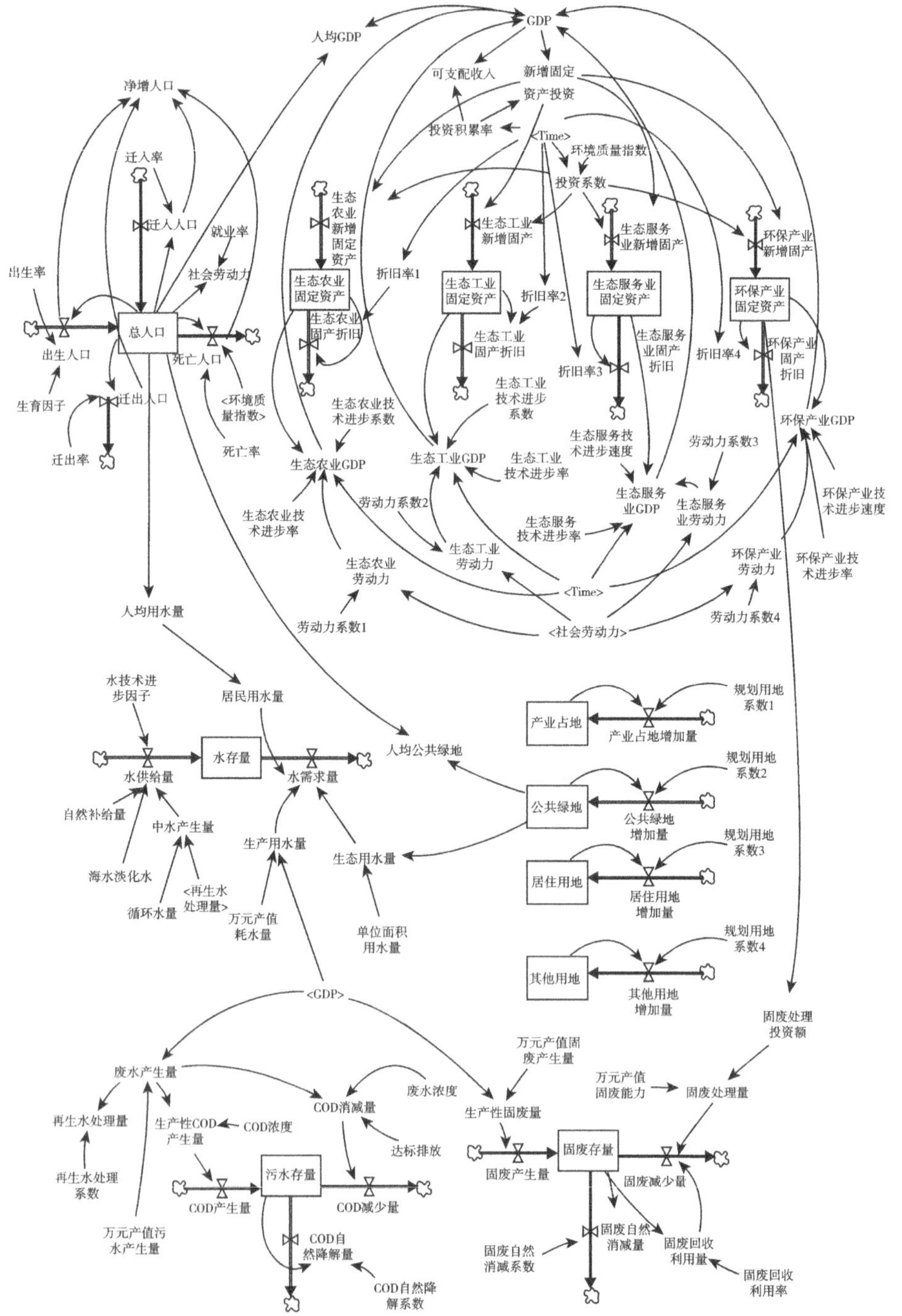

图 9.6   生态产业结构系统动力学流图

在这个系统模型中，人口、资源、环境是产业子系统发展的影响因素，通过劳动力、资源的投入及环境质量影响产业系统，生态产业系统通过生态产业链形成物质循环、能量梯级利用和信息技术有效交流，形成经济、人口、环境的协调发展。

1. 人口子系统

人口子系统是发展子系统，通过社会劳动力数量和素质影响系统产业发展，以及资源利用与环境保护、改善，同时受环境质量和经济发展水平的影响与制约。该子系统的流程如图 9.7 所示。

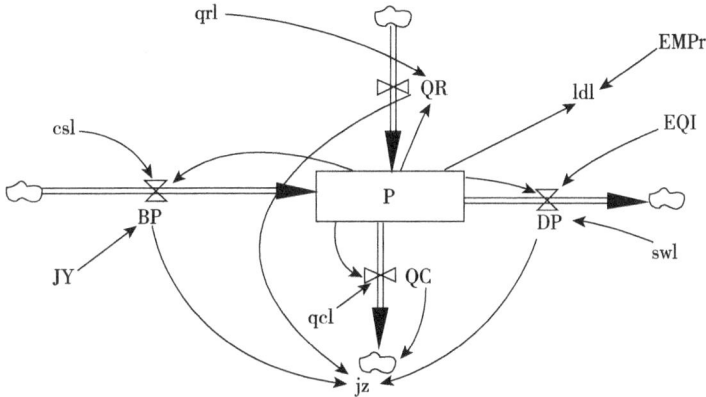

图 9.7　人口子系统流图

图 9.7 中符号含义解释如下：P 表示总人口；BP 表示出生人口；DP 表示死亡人口；QR 表示迁入人口；QC 表示迁出人口；csl 表示出生率；jy 表示生育因子；swl 表示死亡率；qrl 表示迁入率；qcl 表示迁出率；ldl 表示社会劳动力；EMPr 表示社会就业率。

2. 产业子系统

产业子系统是动力系统、核心系统，它通过各产业之间建立生态产业链网，作用于环境和资源子系统，实现物质闭路循环、能量的梯级利用。资源与环境制约产业的发展，同时由于资源与环境的限制，促使产业向生态化方向发展。基于四次产业划分的理论与原则，该子系统将产业划分为四次产业，即生态农业、生态工业、生态服务业和环保产业，以产业固定资产投资为状态变量，通过投资系数和各产业科技因子控制各产业之间的平衡与发展。产业子系统流图如图 9.8 所示。

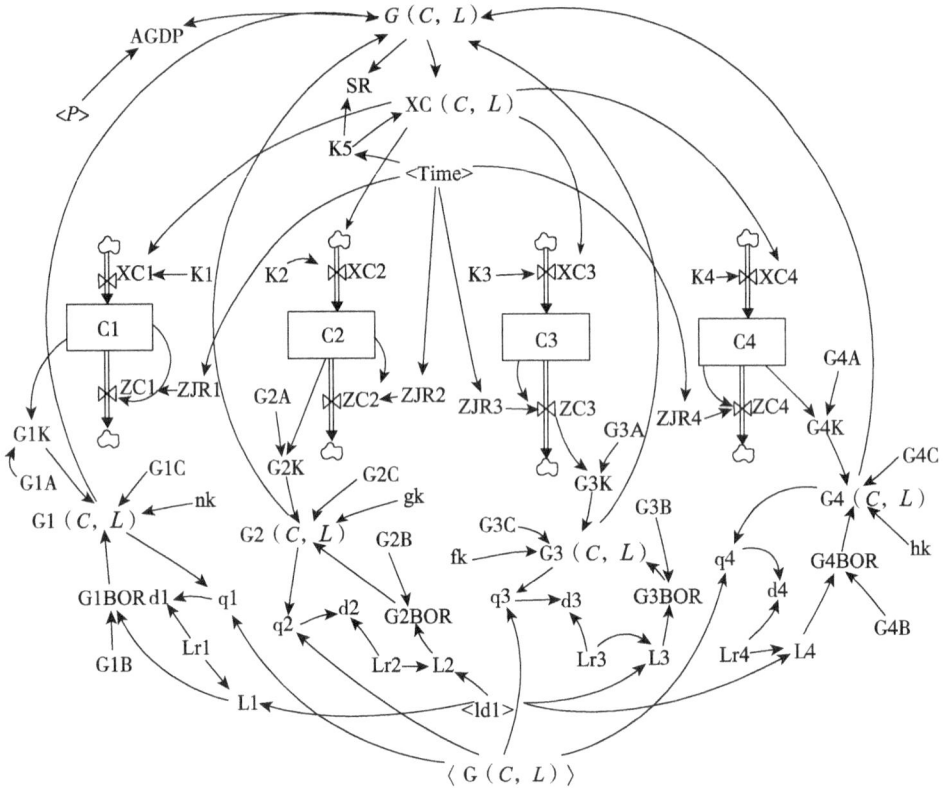

图 9.8 产业子系统流图

图 9.8 中的符号解释如下：$G(C, L)$ 表示 GDP；G1（C, L）表示生态农业 GDP；G2（C, L）表示生态工业 GDP；G3（C, L）表示生态服务业 GDP；G4（C, L）表示环保产业 GDP；AGDP 表示人均 GDP；SR 表示社会可支配收入；C1 表示生态农业固定资产；C2 表示生态工业固定资产；C3 表示生态服务业固定资产；C4 表示环保产业固定资产；G1A 表示生态农业资本弹性系数 α_1；G2A 表示生态工业资本弹性系数 α_2；G3A 表示生态服务业资本弹性系数 α_3；G4A 表示环保产业资本弹性系数 α_4；G1B 表示生态农业劳动弹性系数 β_1；G2B 表示生态工业劳动弹性系数 β_2；G3B 表示生态服务业劳动弹性系数 β_3；G4B 表示环保产业劳动弹性系数 β_4；G1C 表示生态农业技术进步系数；G2C 表示生态工业技术进步系数；G3C 表示生态服务业技术进步系数；G4C 表示环保产业技术进步系数；L1 表示生态农业劳动力；L2 表示生态工业劳动力；L3 表示生态服务业劳动力；L4 表示环保产业劳动力；Lr1 表示生态农业劳动力系数（相当于 p_1）；Lr2 表示生态工业劳动力系数（相当于 p_2）；Lr3 表示生态服务业劳动力系数（相当于 p_3）；Lr4 表示环保产业劳动力系数（相当于 p_4），Lr1+Lr2+Lr3+Lr4=1；q1 表示生态农业产

值比重；q2 表示生态工业产值比重；q3 表示生态服务业产值比重；q4 表示环保产业产值比重；d1 表示生态农业就业产值偏离度；d2 表示生态工业就业产值偏离度；d3 表示生态服务业就业产值偏离度；d4 表示环保产业就业产值偏离度；K1 表示生态农业投资比例；K2 表示生态工业投资比例；K3 表示生态服务业投资比例；K4 表示环保产业投资比例，K1+K2+K3+K4=1；ZJR1 表示生态农业固定资产折旧率；ZJR2 表示生态工业固定资产折旧率；ZJR3 表示生态服务业固定资产折旧率；ZJR4 表示环保产业固定资产折旧率；XC（C，L）表示全社会新增固定资产；XC1 表示生态农业新增固定资产；XC2 表示生态工业新增固定资产；XC3 表示生态服务业新增固定资产； XC4 表示环保产业新增固定资产；ZC1 表示生态农业固定资产折旧；ZC2 表示生态工业固定资产折旧；ZC3 表示生态服务业固定资产折旧；ZC4 表示环保产业固定资产折旧；G1K 表示生态农业的 K^{α_1}；G2K表示生态工业的 K^{α_2}；G3K 表示生态服务业的 K^{α_3}；G4K 表示环保产业的 K^{α_4}；G1BOR 表示生态农业的 L^{β_1}；G2BOR 表示生态工业的 L^{β_2}；G3BOR 表示生态服务业的 L^{β_3}；G4BOR 表示环保产业的 L^{β_4}。

3. 资源子系统

资源子系统属于保障子系统，为经济、人口与社会的发展提供各种资源。在本模型中，主要考虑土地资源系统与水资源系统，如图 9.9 所示。该系统反映的是水资源供求和土地资源的利用情况。水技术进步因子是提高水资源供给能力的主要动力，尤其是海水淡化技术，海水淡化水可以减少对传统水资源的消耗，节约水资源；本书在建立土地资源系统模型时，将土地的规划因子作为土地利用的主要因素进行考虑，通过政策手段调控占地种类与规模，提高绿化覆盖率。

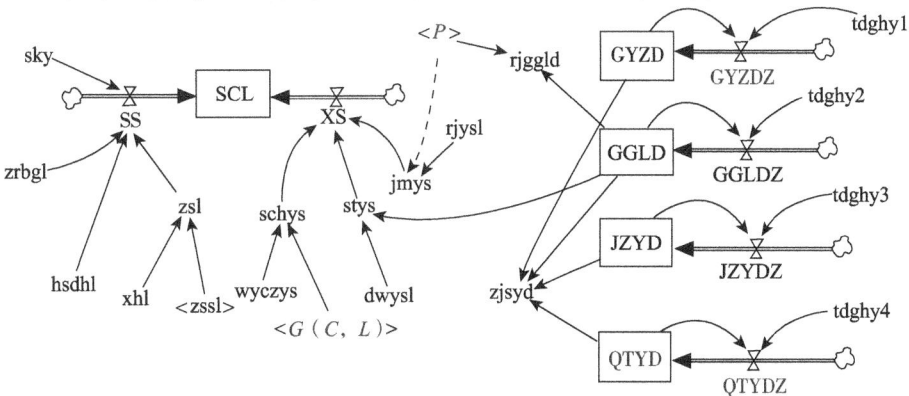

图 9.9 资源子系统流图

系统变量符号解释如下：SCL 表示水资源存量；GYZD 表示工业占地；GGLD 表示公共绿地占地面积；JZYD 表示居住占地面积；QTYD 表示其他占地面积；

SS 表示供水量；XS 表示需水量；GYZDZ 表示工业占地年增加量；GGLDZ 表示公共绿地年增加量；JZYDZ 表示居住用地年增加量；QTYDZ 表示其他占地增加量；schys 表示年生产性用水量；jmys 表示年居民用水量；wyczys 表示万元产值用水量；rjysl 表示人均综合生活用水量；dwysl 表示单位面积生态用水量；stys 表示生态用水量；zsl 表示中水产生量；xhl 表示水循环率；zrbgl 表示水自然补给量；sky 表示水技术进步因子；tdghy1 表示工业用地规划因子；tdghy2 表示公共绿地规划因子；tdghy3 表示居民用地规划因子；tdghy4 表示其他土地规划因子；zjsyd 表示总建设用地；rjggld 表示人均公共绿地。

4. 环境子系统

环境子系统是实现资源循环利用、污水处理和垃圾处理的子系统，如图 9.10 所示。事实上，环境子系统是产业子系统的重要组成部分，属于环保产业。该系统可实现污水的净化，产生再生水以补充生产用水、市政用水和生态用水（包括水系补水），从而减少对传统水资源的使用量，实现废弃物的综合处理和循环利用。环境子系统通过资源循环利用率影响资源子系统，同时，也受到经济子系统和人口子系统的影响。环境子系统以污水存量、固体废弃物存量为状态变量，通过环保投资额、水循环利用率和垃圾回收利用率等的调整来提高资源再生、循环利用的能力，缓解环境压力。

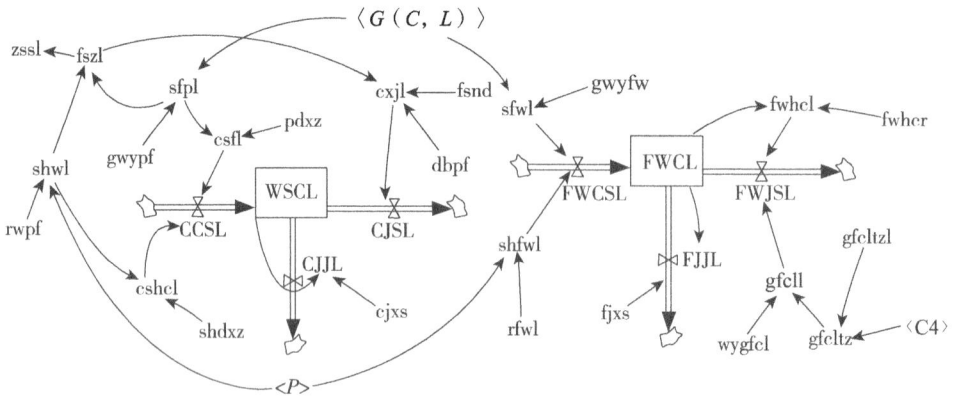

图 9.10　环境子系统流图

系统变量符号解释如下：WSCL 表示水污染（COD）存量；FWCL 表示废弃物存量；CCSL 表示 COD 产生量；CJSL 表示 COD 减少量；FWCSL 表示废弃物产生量；FWJSL 表示废弃物减少量；fwhcl 表示固废回收利用量；gfcll 表示固废处理量；wygfcl 表示万元投资固废处理量；sfwl 表示生产固废排放量；shfwl 表示生活固废排放量；rfwl 表示人均固废排放量；FJJL 表示固废自然降解量；fjxs 表示固废降解系数；gwyfw 表示工业万元产值固废排放量；CJJL 表示 COD 自然降

解量；cjxs 表示 COD 自然降解系数；fsnd 表示废水浓度；dbpf 表示达标排放浓度；cxjl 表示 COD 消减量；csfl 表示生产废水 COD 产生量；pdxz 表示生产废水 COD 浓度典型值；gwypf 表示工业废水万元产值排放量；sfpl 表示生产废水排放量；fszl 表示废水总量；shdxz 表示生活污水 COD 浓度典型值；shwl 表示生活污水产生量；rwpf 表示日人均污水排放量；cshcl 表示生活污水 COD 产生量；zssl 表示再生水处理量。

5. 科技和环境质量对人口系统、产业系统和资源系统的影响

科学技术是第一生产力，科学技术的进步直接影响着经济、社会及环境系统的发展。本书主要通过产业科学技术因子来反映科技对产业系统的影响，科技因子越高说明科技对产业的影响力越大。通过水技术进步因子反映技术进步对水资源供给系统的影响，主要包括海水淡化技术、污水处理与利用技术及雨水收集技术等。通过环境质量指数反映环境对人口的制约，环境质量指数越高，说明环境质量越差，人口的死亡率越高，从而影响人口数量与人口质量。

第四节　本　章　小　结

本章在对前面各章节有关生态文明建设的产业结构优化内涵、条件对象等内容进行分析以及系统评价指标体系构建等研究工作的基础上，对生态文明建设的生态产业结构进行了系统动力学分析，构建了系统动力学模型。在此基础上，后面章节将结合中新生态城的总体建设规划、产业发展规划和实际建设情况，对中新生态城生态文明建设的生态产业结构系统进行系统仿真研究。

第十章　中新生态城的生态产业
结构系统分析

　　生态城市是城市现代化与生态化的产物，是生态文明建设的重要空间载体与具体体现，是未来城市发展的趋势。生态城市建设是生态文明建设的重要内容、形式与手段。生态城市建设以生态文明理念为指导，以生态产业建设为基础。2007年11月18日，中国总理温家宝和新加坡总理李显龙共同签署了关于建设中新生态城的框架协议，决定在天津滨海新区盐碱荒地上建设一座为未来发展起到示范样板作用的宜居生态之城。该项目具有"能操作"、"能复制"和"能推广"的特点。本章以中新生态城为对象，对其产业结构构建进行具体分析与讨论。

第一节　中新生态城总体情况分析

一、地理环境分析

　　中新生态城选址在中国东部、环渤海地区的中心、京津城市发展轴的北侧、塘沽区以北、汉沽区以南的天津滨海新区海滨休闲旅游区内，距离滨海新区核心区15千米、距离天津中心城区45千米、距离唐山50千米、距离北京150千米（图10.1）。中新生态城南有津滨轻轨、滨海客运轻轨，北有京山铁路、蓟塘铁路等，西有北环铁路、京津城际铁路，交通极为便利（图10.2）。

　　天津滨海新区地处华北平原北部，位于山东半岛与辽东半岛交汇点上、天津市中心区的东面、海河流域下游，濒临渤海。该新区是东北亚地区通往欧亚大陆桥最近的东起点，是连接海内外、辐射"三北"的重要枢纽。它以北京和天津两大直辖市为依托，以"一核双港、九区支撑、龙头带动"为发展策略（图10.3），拥有最具潜力的消费市场和最完善的城市配套设施，具有极强的体制创新优势。

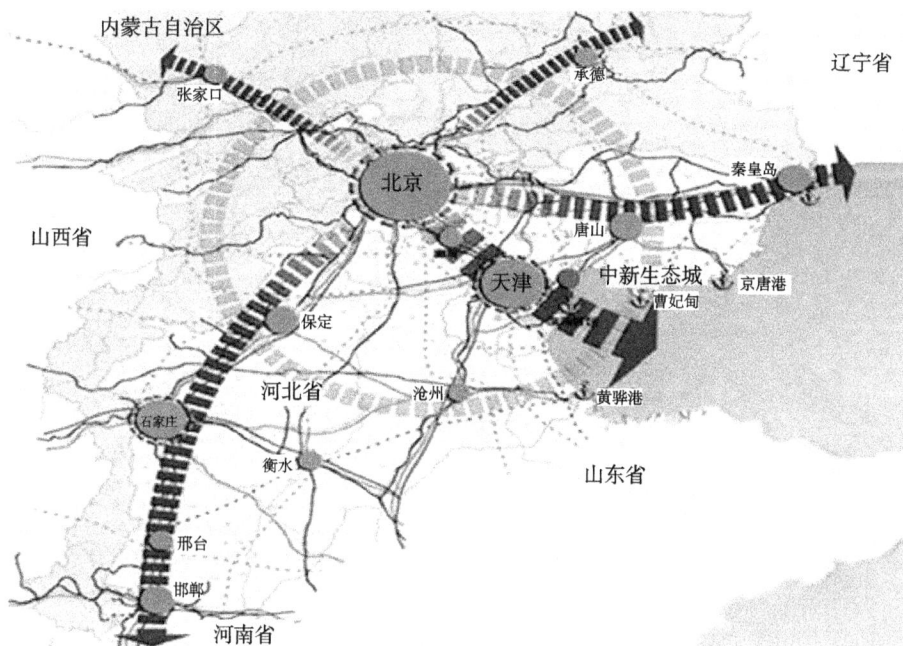

图 10.1　中新生态城区位

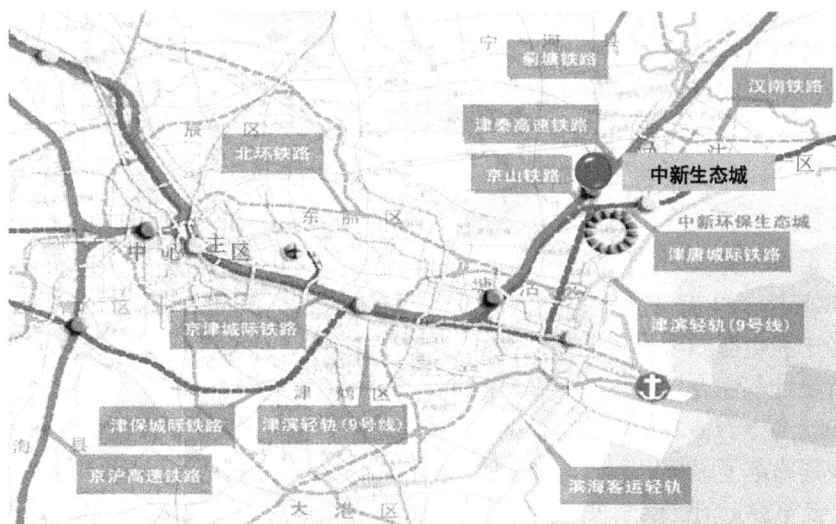

图 10.2　中新生态城交通

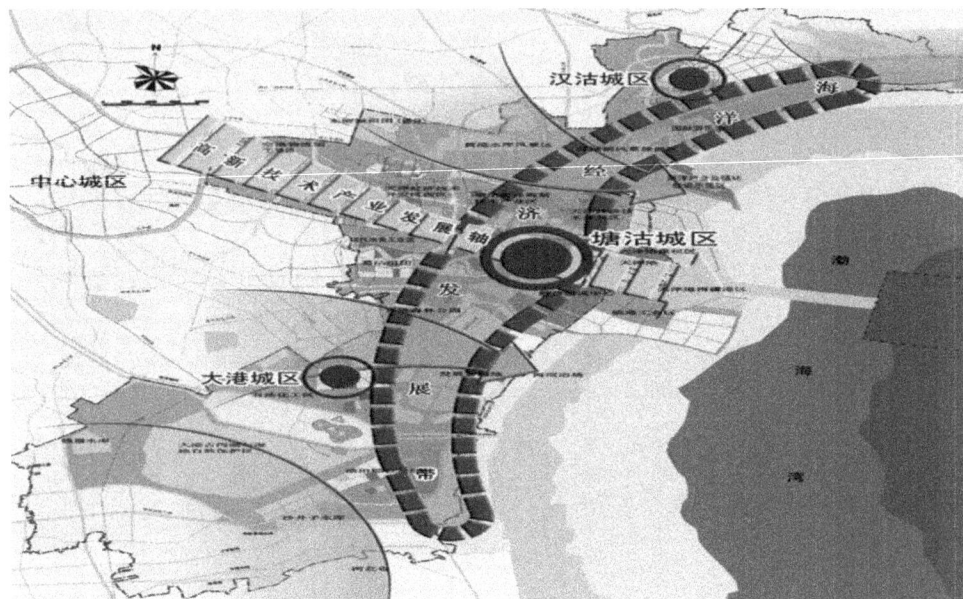

图 10.3   滨海新区区位

二、建设情况分析

2007 年 11 月 18 日，中新两国总理在新加坡签署了两国政府关于在天津建设生态城的框架协议。生态经济、生态人居、生态文化、和谐社区、科学管理等城市规划理念将贯穿中新生态城的整个建设过程。

2008 年 1 月 31 日，中新生态城联合工作委员会第一次会议在天津召开。会上初步排出生态城建设时间表，并审议和原则上通过了生态城指标体系，确定了下一步重点工作。

2008 年 2 月 23 日，中新生态城首个公建项目——中新生态城服务中心启建，标志着中新生态城项目一期前期工程开始启动。服务中心工程按照环保节能的要求进行设计和建设，已于同年 8 月底投入使用。

2008 年 5 月 6 日，中新生态城的总规划蓝图《中新生态城总体规划方案》亮相。总体规划确定了中新生态城具体选址，确定其规划范围为东至汉北路和规划的中央大道、西至蓟运河、南至永定新河入海口处、北至规划的津汉快速公路，总面积约 34.2 平方千米（图 10.4）。同时规划还确定了中新生态城的发展目标、城市定位、经济职能、生态保护与生态修复、空间布局结构、公共设施等近期和远景规划。

2008 年 9 月 8 日，天津市人民政府第 14 次常务会议通过了《中新生态城管理规定》，并于 9 月 28 日起施行。该规定是生态城建设和管理模式创新的集成，它的出台使生态城的建设正式步入了法制化轨道，它的实施为中新生态城依法建

图 10.4　中新生态城选址规划

城、依法治城提供了必要的依据和保障。

2008 年 9 月，中新生态城正式开工建设。中新生态城一期工程 4 平方千米的起步区全面启动，在起步区的建设中更多由吉宝集团和天津泰达两大股东参与。而中新生态城二期、三期等后续的开发则引入了更多合作伙伴。

2009 年 8 月 24 日，中新生态城联合协调理事会第二次会议在新加坡召开，会议要求进一步加强中新双方的务实合作，把以人为本的理念贯穿于生态城建设的各个方面，努力实现"三能""三和"原则的推广，为城市的可持续发展提供成功范例。

2009 年 9 月 14 日，天津市城乡建设和交通发展委员会颁布了由天津城市建设学院和天津市建筑设计院等单位编制完成的《中新天津生态城绿色建筑评价标准》（以下简称《评价标准》），自 10 月 1 日起实施。该评价标准贯穿规划、设计、施工过程，以保障建筑最大限度实现节能、节地、节水、节材和保护环境的完整标准体系，为中新生态城绿色建筑的规划、设计、建设和管理提供了具体的技术指导和要求，为绿色建筑的获奖评审过程提出详细的评判依据。其还推动了绿色建筑理论和实践的探索与创新，并对国内绿色建筑的建设和评价起到引领和促进作用。

2010 年 1 月 13 日，由中新天津生态城管委会倡议、多个企业发起的中国首个民间自愿组建的减排联合组织绿色产业协会在中新生态城正式成立。中新生态城绿色产业协会成立后，以推广绿色技术、支持环保项目为宗旨，帮助会员企业全面实施节能减排，进而提高全社会的环境意识，推动更大范围的环保志愿行动，使生态城在建设中取得的经验能够被有效地复制、推广。

2010 年 4 月 7 日，中国首个智能电网综合示范工程在中新生态城开工，此工程由中新天津生态城管委会与天津电力公司投资建设，将为生态城提供约占生态城用电量 24.62% 的包括太阳能、风能等在内的可再生源的替代电量。其中，太阳能发电达 4 万千瓦，生物质能发电达 1 万千瓦，风能发电达 12.5 万千瓦。

2010 年 5 月 27 日，国家广播电影电视总局（以下简称国家广电总局）与天津市签订了战略合作框架协议，国家影视网络动漫实验园、中国天津 3D 影视创意园区、国家影视网络动漫研究院同时揭牌，并于 2011 年陆续开工开园，正式落户中新天津生态城。国家影视网络动漫实验园等的落户，为中国广播文化产业注入了新的活力，同时，大大促进了环渤海及中国北方地区文化产业的发展。

2011 年 4 月 27 日，在中新生态城举行了雅境项目开工奠基仪式。该项目由中新天津生态城投资开发有限公司（生态城合资公司）与菲律宾城市开发商阿亚拉地产有限公司（阿亚拉置业）联合投资开发。雅境项目是阿亚拉置业在中国的首个旗舰项目，总投资近 2.2 亿美元，占地面积 97 633.3 平方米，将容纳家庭 1 244 户。雅境项目的实施帮助推广了中新生态城的可持续发展。

2011 年 5 月 30 日，中新生态城举行了起步区公共服务设施项目奠基仪式，中新生态城起步区公共服务设施项目正式开工。为了让首批入住居民享有优质的公共服务设施，该项目总投资 20 多亿元，建筑面积约 40 万平方米，范围涉及教育、文化、体育、养老等多个领域共计 17 个民生工程项目。2012 年，主要设施投入使用，生态城的居民享受到了病有良医、学有优教、老有善养、住有宜居的美好生活。

2011 年 6 月 10 日，中新生态城天然气项目竣工通气启动仪式在起步区举行，该项目由泰达控股所属滨海投资公司投资建设。其建成的高压天然气管线总长 20 千米，管径为 DN600。该项目的竣工通气，完善了生态城燃气基础设施建设，满足了生态城居民的供气需求，对改变生态能源结构、提高城市居民居住环境、改进居民生活水平有着十分重要的影响。

2011 年 9 月 19 日，中国首个智能电网综合示范工程在中新生态城竣工并正式投入运营。此工程覆盖面积 31 平方千米，包括 6 大环节 12 个子项目，目前是全世界覆盖面最广、功能最全的智能电网系统。此智能电网系统的使用大大提高了风电、光伏发电等可再生能源利用比率，同时，也实现了电话、电视和互联网的三网融合，使信息反馈、遥控等智能化技术涵盖广大居民的生活及社会工业生产。

2011 年 12 月 28 日，南开中学（滨海生态城学校）在中新生态城开工建设。南开中学（滨海生态城学校）建筑面积 16.32 万平方米，开设 36 个高中班、24 个初中班，国际部 300 人，共计接收学生 3 000 人。新建的校区有教学区、生活区、活动区等部分。教学区中设有教学楼、实验楼、科技中心、艺术中心、图书馆和报告厅；生活区中建有宿舍楼、教工宿舍、食堂、地下车库等；活动区中设有运动场、体育馆、网球馆等。南开中学（滨海生态城学校）的建成为中新生态城的优质教育发展奠定了坚实的基础，使生态城学有优教的目标得以实现。

2012 年 1 月 15 日，新加坡美食城项目在中新生态城举行开工奠基仪式。该项目由新加坡英诺旺地集团投资建设，位于中新生态城起步区中天大道北侧，占地面积 12 500 平方米，地上面积 16 110 米，地下面积 8 600 平方米，共计投资约 1 亿元。美食城一、二层为特色餐饮；三层为亚洲小吃街；四层为餐饮会所。美食城引进了许多新加坡餐饮企业，汇集了多种美食，大大丰富了广大居民的业余生活。

2012 年 3 月 26 日，中新生态低碳体验中心正式开工建设。体验中心位于中新生态城内，由中新生态城合资公司、新加坡建设局、新加坡国际企业发展局联合开发建设。低碳体验中心采用绿色建筑设计，提倡建筑自然通风，自然采光，屋顶绿化，墙体绿化。广泛使用太阳能、地源、风等可再生能源来为广大用户提供生活所需能耗，着力成为高品质绿色办公室，推动中新生态城的可持续、低碳生活目标的实现。

2012 年 6 月 27 日，通用电动联网概念车项目落户中新生态城，合作谅解备忘录签署活动在滨海新区举行。电动联网概念车是由通用公司研发的新一代环保交通工具，是中新双方对于绿色交通的新探索。该项目在中新生态城试验和首发，高度契合和倡导了中新生态城的绿色人居理念。

目前，中新生态城各项规划设计任务基本完成，起步区基础设施建设全面展开，截至 2012 年年底，中新生态城起步区基本建成，这座备受瞩目的现代化生态城初具规模。中新生态城总长度接近 13 千米，生态环境治理全面启动。产业聚集效应初步形成，国家动漫产业综合示范园、科技园、产业园全部开工并陆续竣工，一批知名的开发企业相继落户。生态住宅建设正在有序展开，配套的基础居住设施（如学校、医院等）建设全面展开。此外，环境综合治理成绩显著，3 平方千米污水库得到处理，初步建成了全方位的水环境处理体系。截至 2014 年，累计入驻企业达到 700 家，注册资金近 500 亿元；累计完成投资 400 亿元，生态新城已经初现雏形。2020 年，中新生态城的产业产值目标定为超过 1 000 亿元，其中绿色产值占比要达到 90%以上。

三、总体定位分析

中新生态城项目是中国与新加坡两国合作铸造"南有苏州工业园，北有天津生态城"的未来中国城市建设新格局的楷模。借鉴新加坡在水资源利用、环境保护、产业结构优化和社会发展方面的经验，建设了一个既能实现经济发展，又能兼顾环境与社会和谐的生态文明城（图 10.5）。项目实施有利于国家总体发展战略落实、滨海新区开发开放和天津长远发展，将进一步推动天津生态文明建设，充分发挥滨海新区开发开放的示范、带动和辐射作用。

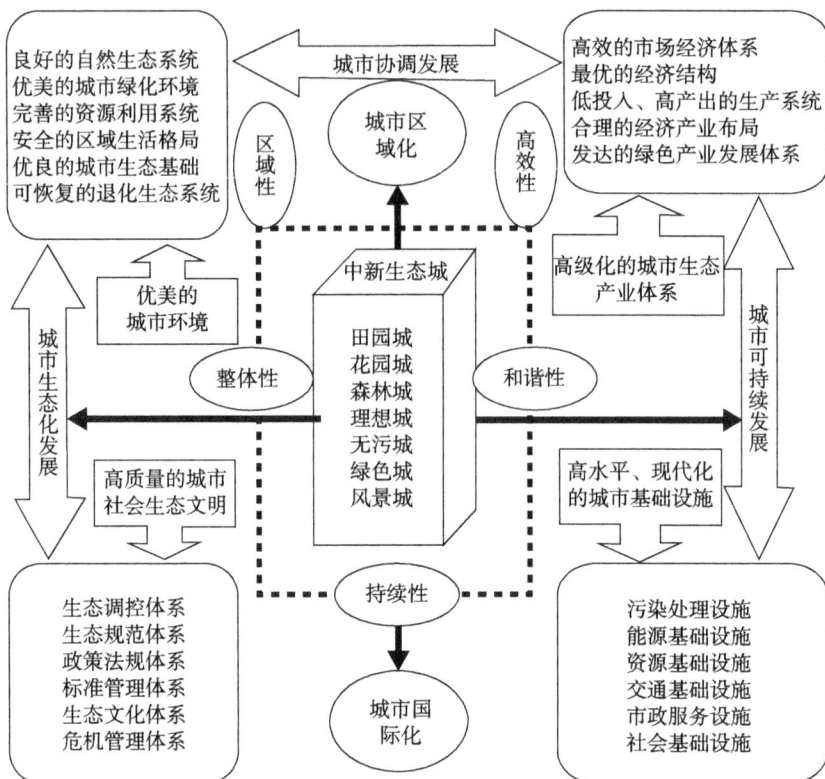

图 10.5   中新生态城的概念模型

1. 功能定位

中新生态城根据自身特色，坚持以人为本思想，突出生态建设模式，创新发展方式，建立"我国生态环保、节能减排、绿色建筑等技术自主创新的平台；国家级环保教育研发、交流展示中心和生态型产业基地；参与国际生态环境发展事务的窗口；生态宜居的示范新城"[174]。

任何一个生态城市都有其特定的功能与职能，中新生态城的职能定位如下：①国际生态环保理念与技术的交流和展示中心；②国家生态环保技术的试验室和工程技术中心的集聚地；③国家生态环保等先进适用技术的教育培训和产业化基地；④生态文化旅游、休闲、康乐区。

2. 产业定位

根据中新生态城总体规则，中新生态城的建设要坚持生态文明思想，贯彻循环经济理念，通过清洁能源、再生能源与新能源的使用，生态静脉产业园建设，绿色交通、绿色建筑、生态旅游及生态社区的建设，到 2018 年中新生态城基本形成以高新技术、绿色技术、清洁生产、循环经济为主导的生态产业体系；建立合理配置、高效利用的资源保障体系；实现中新生态城经济低能耗、零污染发展，人与自然、人与社会和谐，先进文明的生态宜居体系，将中新生态城建设成为区域协调、节能高效、技术进步、生态环保、和谐宜居的国际一流的现代生态示范城。

第二节　中新生态城生态产业结构与产业布局分析

一、生态产业发展的基础分析

本章第一节对中新生态城的地理环境进行了详细的分析，其具有明显的地理优势——周边的交通体系四通八达，信息与技术交流畅通。下面将对中新生态城的自然环境与资源因素、社会经济因素及技术因素进行具体分析。

中新生态城选址区域内的三分之一是废弃的盐田，三分之一是污染水面，三分之一是盐渍化荒地，属于自然条件恶劣的水质性缺水地区。因此该区域内不适宜发展传统农业，但环保产业具有极大的发展空间。

中新生态城区域内地热资源十分丰富。滨海新区的地热田埋深适当、温度适中、水质良好，可用于中新生态城获取生活热水并作为重要的旅游资源。区域内太阳能资源也十分丰富，天津市属于太阳能可利用区，局部地区已经达到太阳能资源较丰富的标准。太阳能较丰富区域位于沿海的汉沽、塘沽、大港、宁河、东丽、津南、武清、北辰及静海，太阳总辐射量达到 5 499~5 768 兆焦耳/平方米，年日照时数为 2 499~2 753 小时。

中新生态城东侧的北疆电厂为国家级循环经济示范区。自 2009 年一期工程开始投入使用，形成了"发电→海水淡化→制盐→土地资源节约→废弃物资源化再利用"的循环型产业链。北疆电厂循环经济可以为中新生态城的建设提供多种支撑。该电厂发电为中新生态城的建设提供电源；其余热的一部分可直接供热给中新生态城，另一部分可用于海水淡化，为中新生态城提供淡水资源；将海水淡化产生的浓盐水用于制盐，可节省 22.5 平方千米的土地；发电产生的废渣可以生产建筑材料，为中新生态城的建设提供建筑材料。

天津市的多项生态技术研究取得重大突破，其中很多技术处于全国甚至国际领先地位，为中新生态城的建设提供了技术支持与智力支撑。在节约利用水资源方面，滨海新区海水淡化与海水直接利用技术在全国处于领先地位。在污水处理方面，成功地利用人工湿地进行污水处理技术。在盐碱地绿化方面，成功研发出盐碱地改良新方法——节水型盐碱滩地物理-化学-生态综合改良与植被构建技术，采用物理、化学和生态相结合的综合改良及植被构建技术对盐碱地进行改良绿化。该技术改变了传统客土回填、破坏耕地的施工方法，改为先采用盐土回填、就地改造，再进行施工绿化，这样能节约成本达 40%。同时，该技术还可大量节约灌溉用水，充分利用天然降雨，可节约水源 30% 以上；在能源利用方面，对风能、太阳能等可再生能源和清洁能源的利用技术、地热资源利用技术取得了重大进展。

二、生态产业布局的原则要求

中新生态城产业布局的地区布局，应以产业共生理念为指导，建立一个可以充分利用滨海新区及其扩散区域内的各种资源使经济、环境和社会共同发展的产业系统，促进中新生态城及周边地区经济的协调可持续发展；构建具有稳定结构的产业共生系统，充分利用产业间的关系，在产业地区布局内实现资源在区域内的循环使用、能量的梯级利用，最终实现循环经济。

中新生态城产业布局的地点布局要坚持产业集约化布局原则，以现代高科技生态型产业基地为中心，引导关联产业集中布局，建立完整的生态产业链，促进地方经济的高速增长，提高土地的利用率，尤其是在集约化方面，加强企业的聚集度，实现集中集约发展。

中新生态城的整体空间布局结构为"一轴三心四片，一岛三水六廊"，即以一条贯穿南北的生态轴串联三个生态城中心，四个生态综合片区与生态核；一个发挥"绿肺"功能的生态岛，能够加强水体循环、景观建设的三大生态水系，以及保证中新生态城与周边区域在生态系统上良好连接的六个生态廊道。

中新生态城的产业布局按照交通便利、因地制宜，以及与周边规划相适应的原则，在符合生态城整体空间布局的基础上，对综合片区边缘与街道边缘地区进行商务布局，在综合片区中心构建公共服务业务。

三、生态产业结构体系与布局

中新生态城的产业建设与发展就是要以科技创新为引领，将中新生态城建设成为国际生态环保技术的策源地、总部基地，积极参与国际合作与分工，建立新型的国际技术和经贸合作机制，构筑与中新生态城相适应的产业结构，形成国际一流的生态型产业体系，提升服务能力，增强综合实力和国际竞争力。中新生态城确立了以生态环保科技研发转化产业、绿色建筑产业、文化创意产业和生态型新兴服务业作为中新生态城建设的主导，并带动生态静脉产业、生态型研发设计服务业、教育培训业，以及会议培训旅游业的八大产业发展方向。

1. 生态环保科技研发转化产业

坚持把自主创新作为转变发展方式的中心环节，积极开发和推广节能减排、节约替代、资源循环利用、生态修复和污染治理等先进适用技术。依托高校和科研院所，建立产、学、研相结合的创新模式，发展生态环保教育产业，增强创新能力。

2. 绿色建筑产业

大力发展省地节能环保型住宅，积极推行住宅产业化，加强对房地产市场的调控和监管，确保房地产行业的健康发展。

3. 文化创意产业

充分发挥人的创造力，建立以国家动漫园和中国创业产业联盟为依托，资源整合，具有核心凝聚力和自身竞争力的新型组织形式，发展文化产业，提高创新能力。

4. 生态型新兴服务业

建立生态技术研发和应用的投融资体制，简化外商投资管理和外汇管理程序，发展现代金融服务体系，完善配套服务平台，提升服务能力。大力发展生态型会展、文化创意、服务外包、特色旅游和康体休闲等现代服务业，形成生态型的现代服务业体系。

5. 生态静脉产业

建立再生资源回收、利用及转化体系，实现主要工业固体废弃物综合利用率在60%以上，工业用水重复利用率达到90%，促进资源利用工作向"科学化、深度化、产业化、生态化"的方向发展。

6. 生态型研发设计服务业

依托高技术及高人力资本，凝聚科技创新资源，加快科技成果转化，提高产业的创新能力和可持续发展能力，实现区域经济效益与环境效益的双赢。

7. 教育培训业

通过高校（中国天津大学、中国南开大学与新加坡国立大学、新加坡南洋理工学院）间的合作，探索新的教育发展模式，体现中国和新加坡教育资源的共享和优势互补。

8. 会议培训旅游业

依托中新生态城优越的地理位置与旅游资源，大力推进会展业与旅游业的整合，以会展为契机增加经济效益、扩大地区知名度、促进城市设施生态化改善，以及提高地区文化程度。

生态产业布局的模式主要有增长极模式、点–轴模式和网络模式。中新生态城的建设必须要发挥其示范带动作用，在天津市整个大区域经济发展的产业布局中，中新生态城应成为生态产业发展的增长极，在天津市整个点–轴模式产业布局中，成为重要的产业发展支撑点；在中新生态城的产业布局中，应以国家动漫创意产业综合示范园、科技园、环保产业园等建设为载体，以科技研发、环保、创意、会展、旅游、绿色建筑和金融等生态产业发展为核心，形成多个点-轴模式产业系统，系统之间互补耦合构成产业布局网络，以构建生态网络产业布局模式，形成完整的生态产业结构体系（图10.6）。

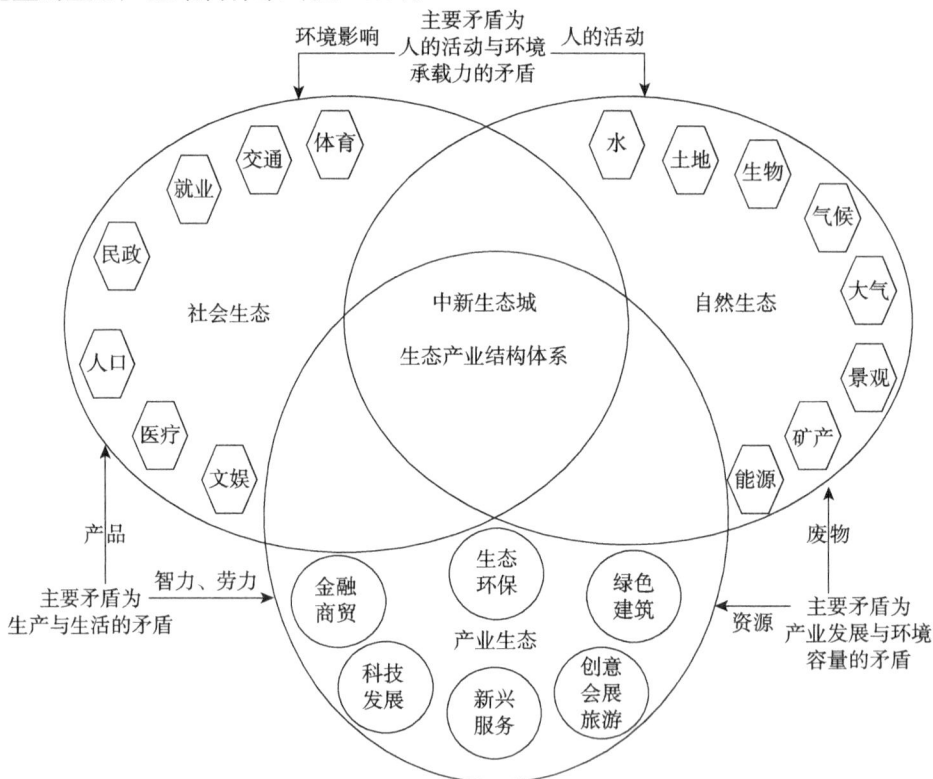

图 10.6　中新生态城生态产业结构体系

第三节　本章小结

本章对中新生态城的地理环境、交通情况、总体建设规划、总体定位、空间布局和生态产业结构体系等进行了分析，并对中新生态城的生态产业布局的条件、地域层次与结构及布局模式进行了研究，提出了中新生态城产业结构体系架构，为中新生态城生态文明建设的生态产业结构系统动力学仿真奠定了基础。

第十一章　中新生态城生态产业结构系统仿真与政策分析

在研究生态文明和生态产业结构系统要素构成及它们间的相互关系、生态文明建设的生态产业结构系统动力学模型构建、中新生态城生态产业结构系统分析的基础上，本章通过对中新生态城生态产业结构系统进行系统动力学仿真，分析生态产业结构系统演进的不同情景，明确生态产业结构演进的路径和方向，提出生态产业发展创新机制，为中新生态城生态文明建设的生态产业结构体系构建和产业发展政策制定提供科学指导。

第一节　中新生态城生态产业结构系统仿真

中新生态城位于天津市滨海新区，其规划范围约 34.2 平方千米；规划期限为2008~2020 年，其中近期至 2010 年、中期至 2015 年、远期至 2020 年；规划常住人口规模为 2010 年人口控制在 5 万人以内，2015 年人口控制在 20 万人以内，2020年人口控制在 35 万人以内。2008 年 9 月中新生态城正式开工建设，因此，根据中新生态城的总体建设规划，对中新生态城生态产业结构系统进行系统动力学仿真，设定其时间边界为 2009~2035 年，以 2009 年为模拟的基期，时间步长为 1 年。

一、生态产业结构系统参数确定与系统方程

中新生态城为在建项目，系统参数主要根据中新生态城的自身特点和规划要求进行确定，如新增固定资产折旧率、万元产值耗水量及人均生活用水量等；用回归法确定参数与方程，在确定生产函数中的 α 和 β 等参数时，主要通过回归法进行测定。

基于此，应用 Vensim 软件建立中新生态城产业结构系统动力学模型的方程式：

（001）AGDP="G（C，L）"/P，Units：元/人

（002）BP=P*csl*jy，Units：人/年

（003）C1= INTEG（XC1–ZC1, 50000），Units：万元

（004）C2= INTEG（XC2–ZC2, 400000），Units：万元

（005）C3= INTEG（XC3–ZC3, 500000），Units：万元

（006）C4= INTEG（XC4–ZC4, 50000），Units：万元

（007）CCSL= cshcl+csfl，Units：万吨/年

（008）CJJL=WSCL*cjxs，Units：万吨/年

（009）CJSL= cxjl，Units：万吨/年

（010）cjxs=0.6，Units：Dmnl

（011）csfl= sfpl*pdxz，Units：万吨/年

（012）cshcl= shwl*shdxz，Units：万吨/年

（013）csl=0.0097，Units：Dmnl

（014）cxjl= fszl*（fsnd–dbpf），Units：万吨/年

（015）CYZD= INTEG（CYZDZ, 0.3），Units：平方千米/年

（016）CYZDZ = CYZD*tdghy1，Units：平方千米/年

（017）dbpf = 50*10^（–6），Units：Dmnl

（018）DP=P*swl*EQI，Units：人/年

（019）dwysl=0.002，Units：Dmnl

（020）EMPr= 0.65，Units：Dmnl

（021）EQI=0.5，Units：Dmnl

（022）FINAL TIME= 2035，Units：Year

（023）FJJL=FWCL*fjxs，Units：Dmnl

（024）fjxs= 0.5，Units：Dmnl

（025）fk= 0.55，Units：Dmnl

（026）fsnd=348*10^（–6），Units：Dmnl

（027）fszl=shwl+sfpl，Units：万立方米/年

（028）FWCL= INTEG（FWCSL–FJJL–FWJSL, 8），Units：万吨/年

（029）FWCSL= shfwl+sfwl，Units：万吨/年

（030）fwhcl= FWCL*fwhcr，Units：万吨/年

（031）fwhcr=0.55，Units：Dmnl

（032）FWJSL=fwhcl+gfcll，Units：万吨/年

（033）"G（C, L）"="G1（C, L）"+"G2（C, L）"+"G3（C, L）"+"G4（C, L）"，
Units：万元

（034）"G1（C, L）"=G1C*nk*G1K*G1BOR，Units：万元

（035）G1A=0.2，Units：Dmnl

（036）G1B= 0.8，Units：Dmnl

（037）G1BOR=EXP（G1B*LN（L1）），Units：Dmnl

（038）G1C=2，Units：Dmnl

（039）G1K=EXP（G1A*LN（C1）），Units：Dmnl

（040）"G2（C, L）"=G2C*gk*G2K*G2BOR，Units：万元

（041）G2A=0.65，Units：Dmnl

（042）G2B=0.45，Units：Dmnl

（043）G2BOR=EXP（G2B*LN（L2）），Units：Dmnl

（044）G2C=4.1，Units：Dmnl

（045）G2K=EXP（G2A*LN（C2）），Units：Dmnl

（046）"G3（C, L）"=G3C*fk*G3K*G3BOR，Units：万元

（047）G3A=0.2，Units：Dmnl

（048）G3B=1，Units：Dmnl

（049）G3BOR=EXP（G3B*LN（L3）），Units：Dmnl

（050）G3C=4，Units：Dmnl

（051）G3K=EXP（G3A*LN（C3）），Units：Dmnl

（052）"G4（C, L）"=G4C*hk*G4K*G4BOR，Units：万元

（053）G4A= 0.74，Units：Dmnl

（054）G4B=0.5，Units：Dmnl

（055）G4BOR= EXP（G4B*LN（L4）），Units：Dmnl

（056）G4C=1.8，Units：Dmnl

（057）G4K=EXP（G4A*LN（C4）），Units：Dmnl

（058）gfcll=gfcltz*wygfcl*10^（−4），Units：万吨/年

（059）gfcltz=C4*gfcltzl，Units：万元

（060）gfcltzl=0.3，Units：Dmnl

（061）GGLD= INTEG（GGLDZ, 0.25），Units：平方千米/年

（062）GGLDZ= GGLD*tdghy2，Units：平方千米/年

（063）gk=0.6，Units：Dmnl

（064）gwyfw=1.3，Units：Dmnl

（065）gwypf=0.00085，Units：Dmnl

（066）hk= 0.55，Units：Dmnl

（067）hsdhl=500+STEP（2000, 2010）+STEP（4000, 2020），Units：万立方米/年

（068）INITIAL TIME= 2009，Units：Year

（069）jmys=P*rjysl*360*10^（−4），Units：万立方米/年

（070）jy=1，Units：Dmnl

（071）jz= BP–DP+QR–QC，Units：人/年

（072）JZYD= INTEG（JZYDZ, 1.2），Units：平方千米/年

（073）JZYDZ= JZYD*tdghy3，Units：平方千米/年

（074）K1= 0.08，Units：Dmnl

（075）K2= 0.42，Units：Dmnl

（076）K3= 0.46，Units：Dmnl

（077）K4=0.04，Units：Dmnl

（078）K5 = WITH LOOKUP（Time,（[（2009, 0）–（2035, 1）]，（2009, 0.35），（2010, 0.349），（2011, 0.363），（2012, 0.426），（2013, 0.455），（2014, 0.477），（2015, 0.48），（2016, 0.485），（2017, 0.499），（2018, 0.489），（2019, 0.5），（2020, 0.492），（2021, 0.511），（2022, 0.521），（2023, 0.526），（2024, 0.53），（2025, 0.53），（2026, 0.53），（2027, 0.53），（2028, 0.53），（2029, 0.53），（2030, 0.53），（2031, 0.53），（2032, 0.53），（2033,0.53），（2034,0.53），（2035, 0.53）))，Units：Dmnl

（079）L1=ldl*Lr1，Units：人

（080）L2=ldl*Lr2，Units：人

（081）L3=ldl*Lr3，Units：人

（082）L4= ldl*Lr4，Units：人

（083）ldl=P*EMPr，Units：人

（084）Lr1=0.05，Units：Dmnl

（085）Lr2=0.4，Units：Dmnl

（086）Lr3=0.45，Units：Dmnl

（087）Lr4=0.1，Units：Dmnl

（088）nk=0.45，Units：Dmnl

（089）P= INTEG（BP+QR–DP–QC, 36000），Units：人/年

（090）pdxz=360*10^（–6），Units：Dmnl

（091）QC=P*qcl，Units：人/年

（092）qcl=0.048，Units：Dmnl

（093）QR=P*qrl，Units：人/年

（094）qrl=0.35–STEP（0.2, 2015）–STEP（0.1, 2020），Units：Dmnl

（095）QTYD= INTEG（QTYDZ, 0.96），Units：Dmnl

（096）QTYDZ=QTYD*tdghy4，Units：Dmnl

（097）rfwl=0.292，Units：吨/人/年

（098）rjggld=GGLD*（10^6）/P，Units：平方米/人

（099）rjysl=0.22，Units：Dmnl

（100）rwpf=0.003942，Units：Dmnl

（101）SAVEPER=TIME STEP

（102）schys="G（C, L）"*wyczys*（10^（-4）），Units：万立方米/年

（103）SCL= INTEG（SS–XS, 1000），Units：万立方米/年

（104）sfpl="G（C, L）"*gwypf，Units：万立方米/年

（105）sfwl="G（C, L）"*gwyfw*10^（-4），Units：万吨/年

（106）shdxz= 330*10^（-6），Units：Dmnl

（107）shfwl= P*rfwl*10^（-4），Units：万吨/年

（108）shwl= P*rwpf，Units：万立方米/年

（109）sky=1.6，Units：Dmnl

（110）SR="G（C, L）"*（1–K5），Units：万元

（111）SS=（zrbgl+zsl+hsdhl）*sky，Units：万立方米/年

（112）stys=GGLD*dwysl*360，Units：万立方米/年

（113）swl= 0.0062，Units：Dmnl

（114）tdghy1=0.17–STEP（0.1, 2015）–STEP（0.06, 2020），Units：Dmnl

（115）tdghy2=0.45–STEP（0.35, 2015）–STEP（0.09, 2020），Units：Dmnl

（116）tdghy3=0.3–STEP（0.23, 2015）–STEP（0.06, 2020），Units：Dmnl

（117）tdghy4=0.3–STEP（0.22, 2015）–STEP（0.07, 2020），Units：Dmnl

（118）TIME STEP= 1

（119）WSCL= INTEG（CCSL–CJJL–CJSL, 1），Units：万吨

（120）wyczys=10，Units：Dmnl

（121）wygfcl=4.5，Units：Dmnl

（122）"XC（C, L）"="G（C, L）"*K5，Units：万元

（123）XC1= "XC（C, L）"*K1，Units：Dmnl

（124）XC2= "XC（C, L）"*K2，Units：Dmnl

（125）XC3="XC（C, L）"*K3，Units：Dmnl

（126）XC4="XC（C, L）"*K4，Units：Dmnl

（127）xhl=0.95，Units：Dmnl

（128）XS=jmys+schys+stys，Units：万立方米/年

（129）ZC1=C1*ZJR1，Units：万元

（130）ZC2=C2*ZJR2，Units：万元

（131）ZC3=C3*ZJR3，Units：万元

（132）ZC4=C4*ZJR4，Units：万元

（133）ZJR1 = WITH LOOKUP（Time,（[（2009, 0）–（2035, 0.2）]，（2009, 0.0668），（2010, 0.0669），（2011, 0.0667），（2012, 0.07），（2013, 0.0669），（2014, 0.0701），（2015, 0.071），（2016, 0.08），（2017, 0.076），（2018, 0.077），（2019, 0.078），

（2020, 0.079），（2021, 0.078），（2022, 0.078），（2022, 0.078），（2023, 0.079），（2024, 0.08），（2025, 0.08），（2027, 0.08），（2028, 0.08），（2029, 0.08），（2030, 0.08），（2031, 0.08），（2032, 0.08），（2033, 0.08），（2034, 0.08），（2035, 0.08））），Units：Dmnl

（134）ZJR2 = WITH LOOKUP（Time,（［（2009, 0）–（2035, 0.2）］,（2009, 0.0915），（2010, 0.0911），（2012, 0.0922），（2013, 0.0931），（2014, 0.093），（2015, 0.0935），（2016, 0.0933），（2017, 0.0938），（2018, 0.0936），（2019, 0.094），（2020, 0.0939），（2021, 0.0941），（2022, 0.0943），（2023, 0.0947），（2024, 0.0944），（2025, 0.0948），（2026, 0.0948），（2027, 0.0948），（2028, 0.0948），（2029, 0.0948），（2030, 0.0948），（2031, 0.0948），（2032, 0.0948），（2033, 0.0948），（2034, 0.0948），（2035, 0.0949））），Units：Dmnl

（135）ZJR3 = WITH LOOKUP(Time,（［（2009, 0）–（2035, 0.2）］,（2, 0.0913），（2009, 0.0855），（2010, 0.086），（2011, 0.0862），（2012, 0.086），（2013, 0.0871），（2014, 0.0877），（2015, 0.0881），（2016, 0.0885），（2017, 0.0886），（2018, 0.0887），（2019, 0.0885），（2020, 0.0888），（2021, 0.0889），（2022, 0.0887），（2023, 0.0901），（2024, 0.0902），（2025, 0.0903），（2026, 0.0906），（2026, 0.0905），（2027, 0.0907），（2028, 0.0908），（2029, 0.091），（2030, 0.0911），（2031, 0.0913），（2032, 0.0913），（2033, 0.0913），（2034, 0.0913），（2035, 0.0913））），Units：Dmnl

（136）ZJR4 = WITH LOOKUP（Time,（［（2009, 0）–（2035, 0.2）］,（2009, 0.0919），（2010,0.0922），（2011, 0.0935），（2012, 0.094），（2013, 0.0943），（2014, 0.0951），（2015, 0.0962），（2016, 0.0963），（2017, 0.0964），（2018, 0.0965），（2019, 0.0968），（2020, 0.0969），（2021, 0.097），（2022, 0.0971），（2023, 0.0971），（2024, 0.0973），（2025, 0.0974），（2026, 0.0975），（2027, 0.0976），（2028, 0.0977），（2029, 0.0976），（2030, 0.0978），（2031, 0.0979），（2032, 0.0978），（2033, 0.0978），（2034, 0.0978），（2035, 0.0978））），Units：Dmnl

（137）zjsyd=CYZD+GGLD+JZYD+QTYD，Units：平方千米/年

（138）zrbgl=300，Units：万立方米/年

（139）zsl=zssl*xhl，Units：万立方米/年

（140）zssl=0.7*fszl，Units：万立方米/年

二、生态产业结构系统的动力学模拟与调控

选择生育指数、各产业投资比、各产业科技因子、水技术进步因子及循环利用率等指标作为调控参量进行调控试验。在此，提出了三组（六种）调控仿真方案，调控参量及具有代表性的方案（表 11.1）。

表 11.1　　中新生态城生态产业结构系统调控参量及方案

参数＼方案	1	2	3	4	5	6
生育指数	1.00	1.20	1.00	1.20	1.00	1.20
环境质量	0.50	0.50	0.50	0.50	0.45	0.45
投资比例[1]/%	0.06：0.5：0.4：0.04	0.06：0.5：0.4：0.04	0.08：0.42：0.46：0.04	0.08：0.42：0.46：0.04	0.06：0.42：0.46：0.06	0.06：0.42：0.46：0.06
农业科技因子	0.35	0.35	0.45	0.45	0.60	0.60
工业科技因子	0.40	0.40	0.60	0.60	0.70	0.70
服务业科技因子	0.45	0.45	0.55	0.55	0.60	0.60
环保产业科技因子	0.40	0.40	0.55	0.55	0.60	0.60
水技术进步因子	1.00	1.00	1.20	1.20	1.50	1.50
水资源循环利用率	0.90	0.90	0.95	0.95	0.98	0.98
固废回收利用率	0.50	0.50	0.55	0.55	0.60	0.60

1）投资比例是指生态农业：生态工业：生态服务业：环保产业

1. 模拟与调控结果

从中新生态城总人口、中新生态城地区生产总值、中新生态城人均 GDP、中新生态城各产业 GDP、水资源存量、中水产生量、固废回收利用量、人均公共绿地、环境质量对人口总量的影响多个角度对中新生态城产业结构状态进行分析，仿真结果如图 11.1~图 11.12 所示。

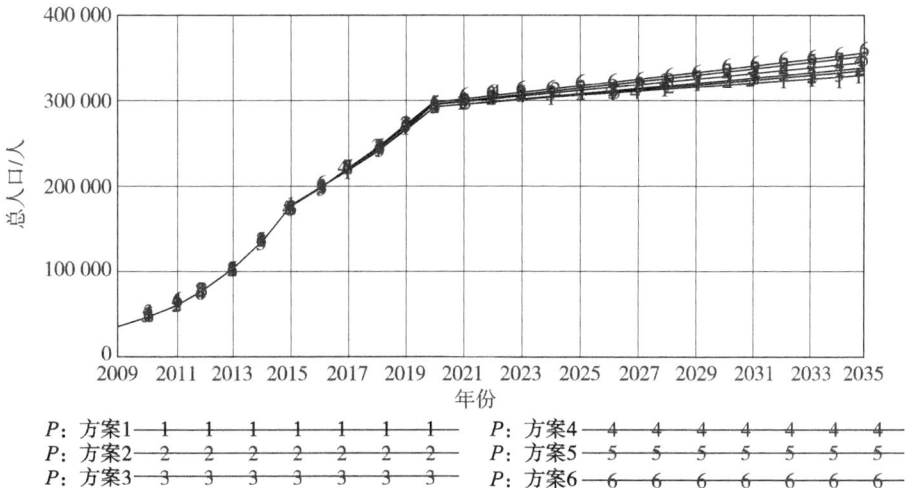

图 11.1　中新生态城总人口

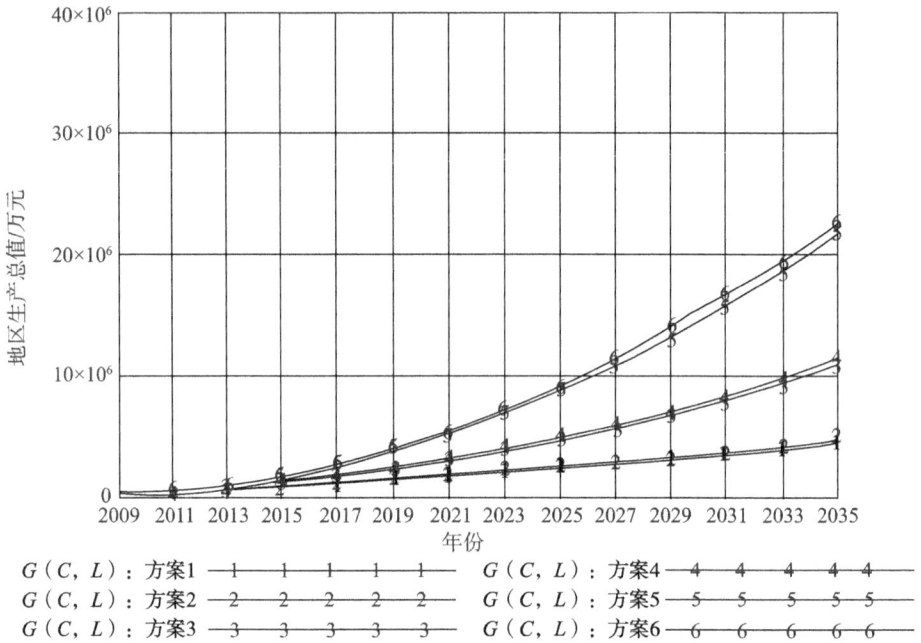

图 11.2　中新生态城地区生产总值

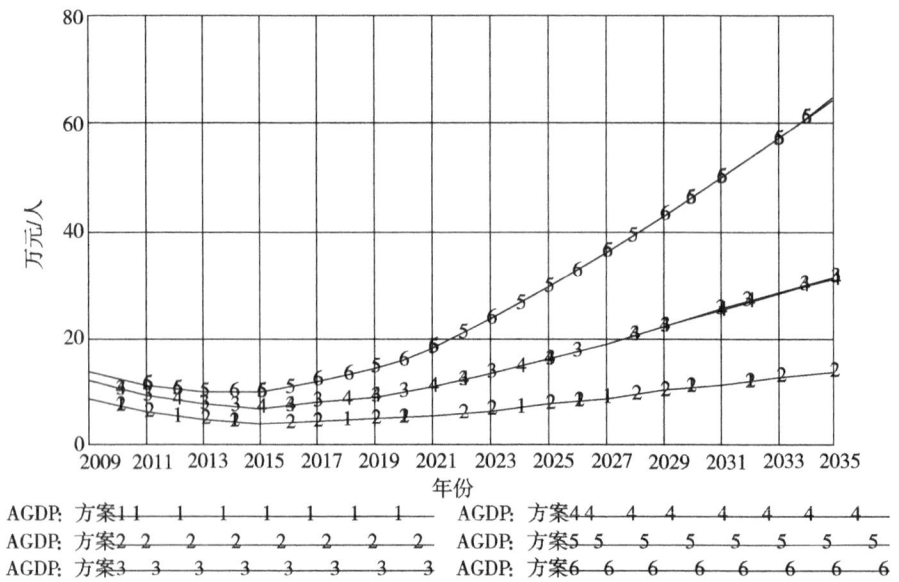

图 11.3　中新生态城人均 GDP

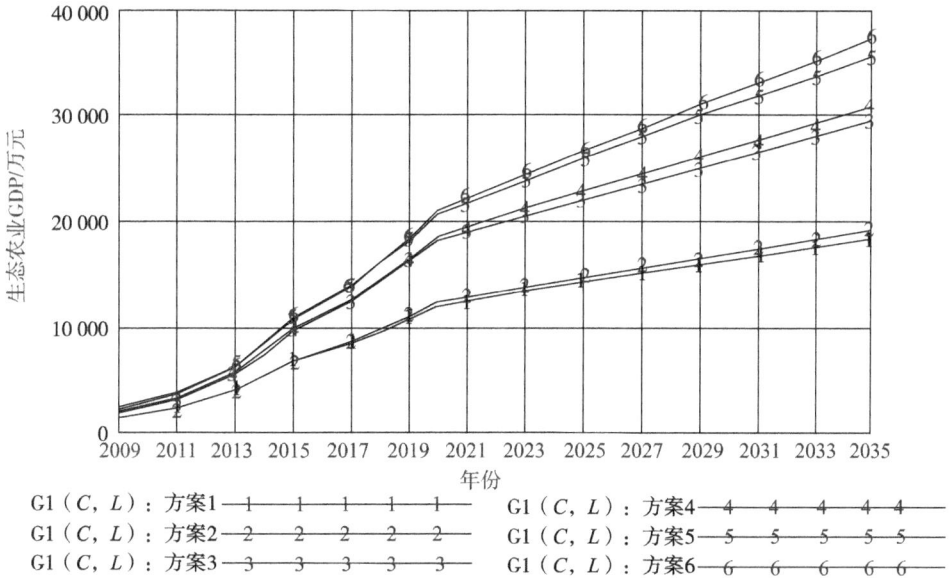

G1（C, L）：方案1—1—1—1—1—1　　G1（C, L）：方案4—4—4—4—4—4
G1（C, L）：方案2—2—2—2—2—2　　G1（C, L）：方案5—5—5—5—5—5
G1（C, L）：方案3—3—3—3—3—3　　G1（C, L）：方案6—6—6—6—6—6

图 11.4　中新生态城生态农业 GDP

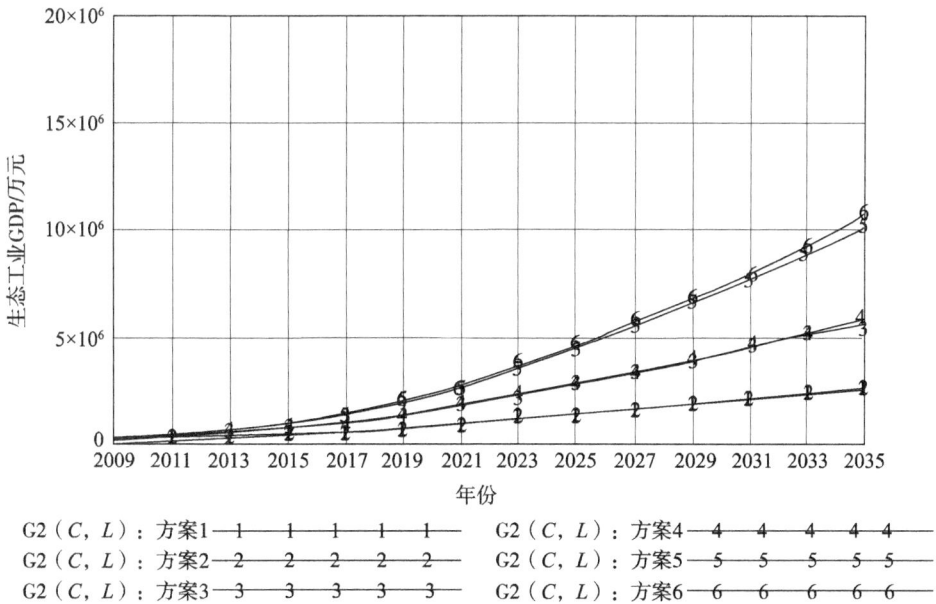

G2（C, L）：方案1—1—1—1—1—1　　G2（C, L）：方案4—4—4—4—4—4
G2（C, L）：方案2—2—2—2—2—2　　G2（C, L）：方案5—5—5—5—5—5
G2（C, L）：方案3—3—3—3—3—3　　G2（C, L）：方案6—6—6—6—6—6

图 11.5　中新生态城生态工业 GDP

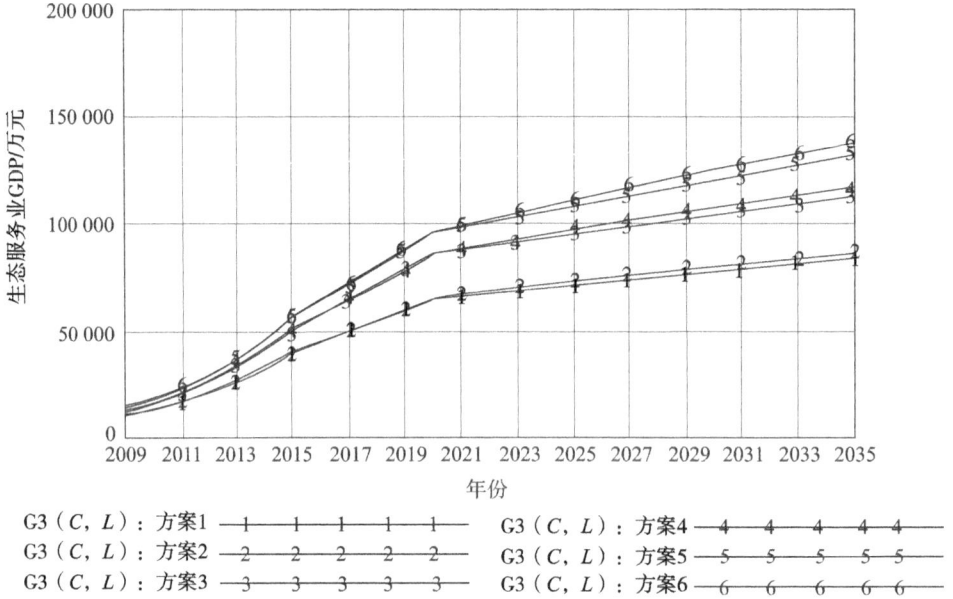

图 11.6　中新生态城生态服务业 GDP

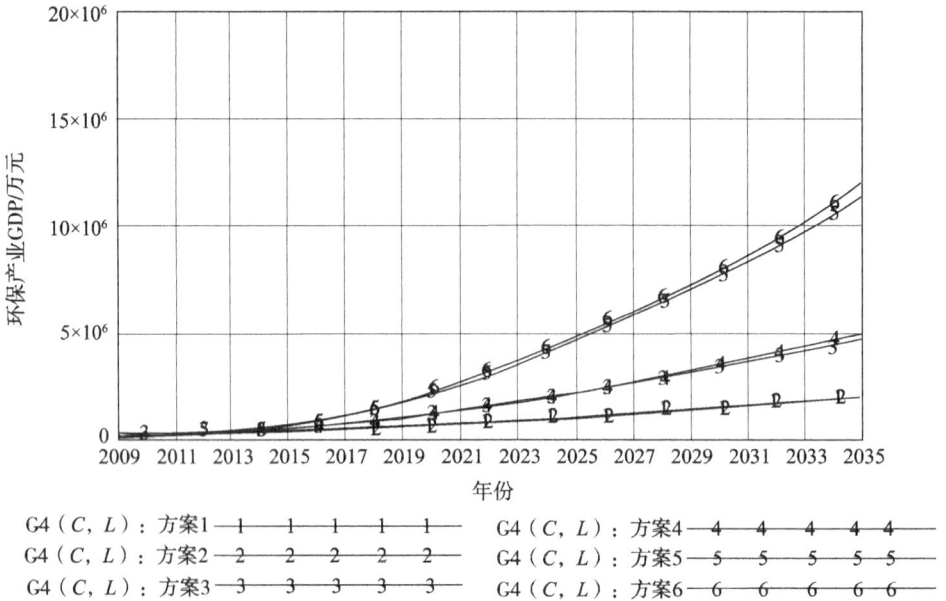

图 11.7　中新生态城环保产业 GDP

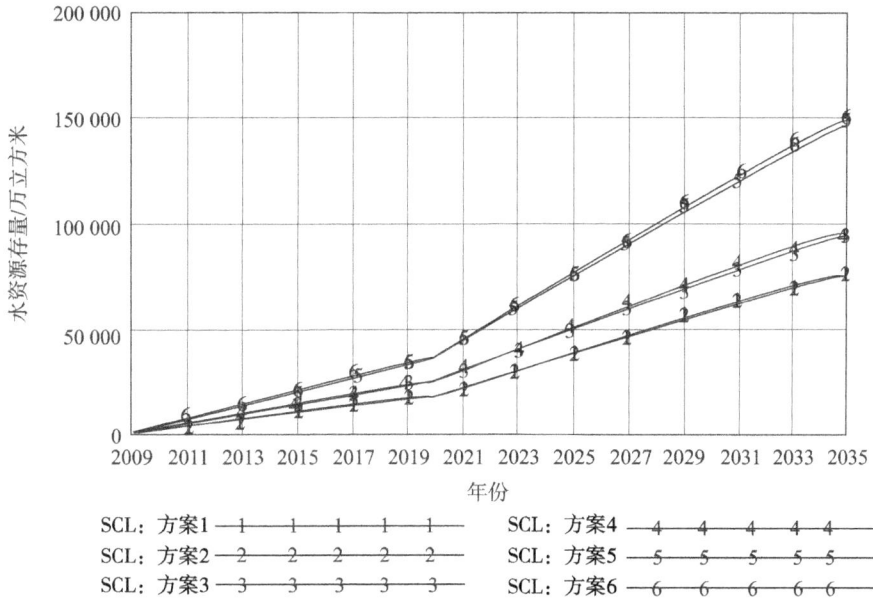

图 11.8　中新生态城水资源存量

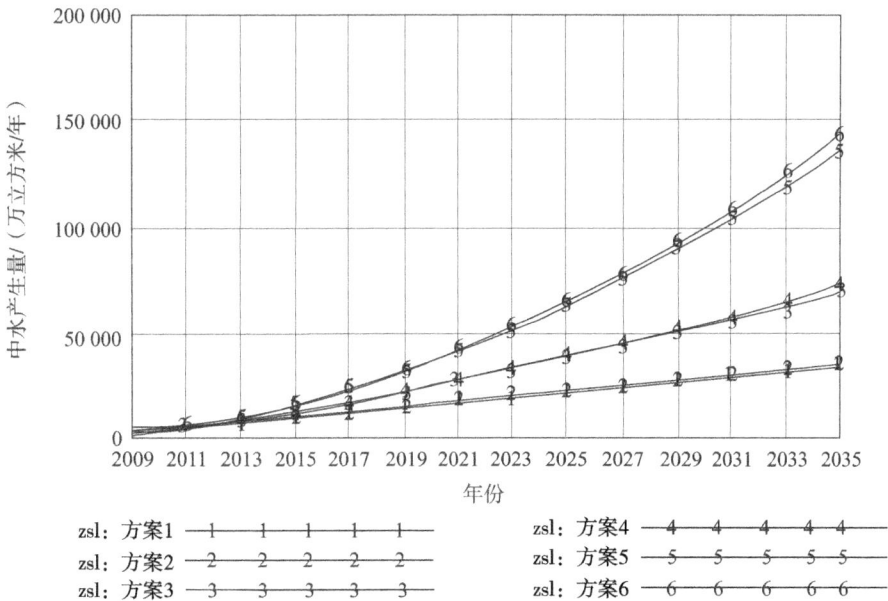

图 11.9　中新生态城中水产生量

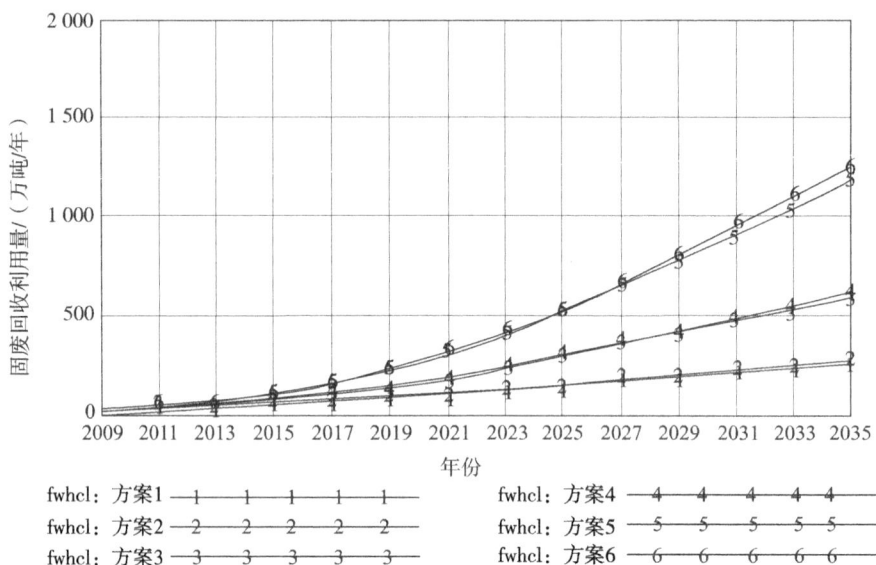

fwhcl：方案1 ——1—1—1—1—1——　　fwhcl：方案4 ——4—4—4—4—4——
fwhcl：方案2 ——2—2—2—2—2——　　fwhcl：方案5 ——5—5—5—5—5——
fwhcl：方案3 ——3—3—3—3—3——　　fwhcl：方案6 ——6—6—6—6—6——

图 11.10　中新生态城固废回收利用量

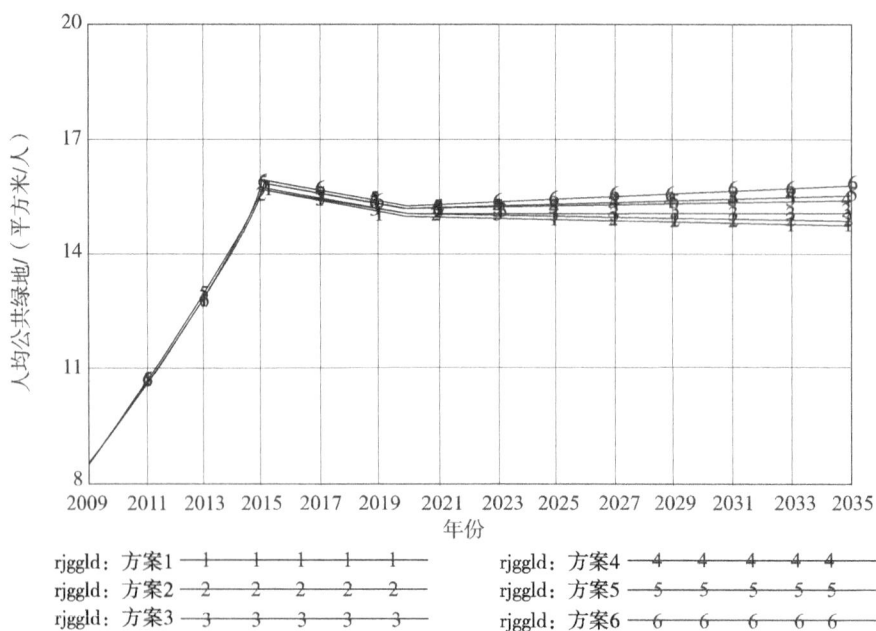

rjggld：方案1 ——1—1—1—1—1——　　rjggld：方案4 ——4—4—4—4—4——
rjggld：方案2 ——2—2—2—2—2——　　rjggld：方案5 ——5—5—5—5—5——
rjggld：方案3 ——3—3—3—3—3——　　rjggld：方案6 ——6—6—6—6—6——

图 11.11　中新生态城人均公共绿地

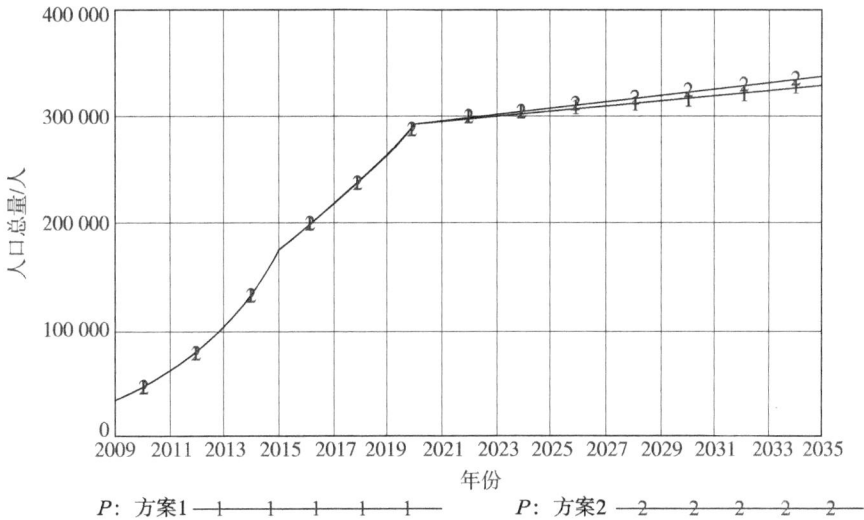

图 11.12　环境质量对人口总量的影响

2. 结果分析

由方案 1 和方案 2 可知，工业投资比例高于服务业投资比例；环保产业投资比例也相对较高；农业采用传统发展模式；各产业科技因子相对较低。到 2015 年时人均 GDP 最低分别为 4.297 万元和 4.279 万元，处于亚健康状态；到 2022 年人均 GDP 超过 6 万元，但直至 2035 年仍小于 14 万元，为健康状态。然而，水资源消耗量却很大，加之水技术进步因子较低，水资源存量水平和中水回用量较低，固废回收利用率也很低。

由方案 3 和方案 4 可知，工业投资比例下降至 0.42，服务业比例增加到 0.46，高于工业投资，各产业科技因子均有所提高。相对于方案 1 和方案 2，方案 3 与方案 4 有所改善，人均 GDP 在各年均大于 6 万元，并到 2024 年超过 14 万元，分别为 14.801 万元和 14.708 万元，达到很健康状态。同时中新生态城地区生产总值总量和各产业 GDP 均呈现较快增长趋势。由于水技术进步因子的提高及海水淡化技术的提高，水资源存量增加速度加快，固体废弃物年回收利用量也有所增加。

由方案 5 和方案 6 可知，各产业科技因子显著提高，农业科技因子、工业科技因子、服务业科技因子和环保产业科技因子分别由原来的 0.35、0.4、0.45 和 0.4 提高到 0.6、0.7、0.6 和 0.6，水技术进步因子提高了 0.5，并且固体废弃物回收利用率达到 0.6。中新生态城地区生产总值和各产业 GDP 均呈显著增长趋势。经过 10 年发展，到 2019 年时人均 GDP 就超过 14 万元，分别为 14.568 万元和 14.499 万元；到 2022 年时超过 20 万元。改善最为明显的是水资源存量，水资源存量显著增加，水资源消耗明显降低。相对于前 4 个方案，方案 5、方案 6 有明显改善。

　　由以上 6 种方案可知，由于公共绿地面积的主要影响因素为规划政策，不受以上调控因子的影响，因而无明显差别。施佩和涂国平认为人均公共绿地面积高于 10 平方米/人为健康，高于 18 平方米/人为很健康[175]。仿真结果（图 11.11）显示，中新生态城人均公共绿地面积到 2013 年均超过 13 平方米/人，到 2015 年在 15 平方米/人以上，处于健康水平。

　　图 11.1~图 11.12 为中新生态城总人口、总产值、各产业产值、水资源存量、中水产生量、固废回收利用量的变化状况。

　　从图 11.12 可以看出，当环境生态因子相同时，人口生育指数增大，总人口的增长速度提高。

　　图 11.2、图 11.4~图 11.7 表明，中新生态城总产值、农业产值、工业产值、服务业产值、环保产业产值的增长速度因科技因子增大而提高。

　　从图 11.8~图 11.10 可以看出，资源循环利用率提高，资源消耗速度减慢，资源回收利用量增加。

　　图 11.12 给出环境生态质量对总人口的影响，从该图可以看出，环境生态质量提高，即环境质量指数下降，总人口增长速度提高。

　　综上分析，方案 5 是中新生态城产业结构可持续发展与生态文明建设的最佳方案。中新生态城生态产业结构体系构建应以科技创新为动力和手段，增加环保产业的投资比例与额度，促进盐碱地绿化技术、海水淡化技术、可再生能源与新能源利用技术、污水处理技术等环保技术的研发，以提高中新生态城绿化覆盖率、水循环利用率及能源利用效率等，并通过合理控制资源的配置、产业投资比例来提高生态产业协调度。

第二节　中新生态城生态产业结构政策分析

　　政府对生态产业发展及生态城（镇）和生态产业园（链）建设具有规划、监管、规范及引导的作用。在生态城（镇）和生态产业园（链）建设及发展过程中，政府能够并且需要通过制定相关的政策来提高全民、企业的生态意识，利用管制、经济刺激等管理手段促进市场的健康运转，通过政府的调控机制激励产业创新，优化产业结构中的资源优化配置，促进生态产业技术发展。

一、生态产业发展创新机制

　　中新生态城的建设宗旨是"人与人、人与经济活动、人与环境和谐共存，建设社会和谐、经济高效、生态良性循环的人类居住形式"。以生态、环保、节能、自然、宜居、和谐为建设理念，实现中新生态城的经济蓬勃高效、生态环境健康、社会和谐进步、区域协调融合。这充分体现了生态文明建设的基本理念和要求，而要实现落实建设宗旨和建设目标，关键在于建立生态业产业结构体系及完善的生态产业发展支持体系。

要实现中新生态城的生态产业结构体系的建设目标，必须进行体制创新，构建基于"资源-产业-环境"的中新生态城生态产业结构体系的多层次创新体系（图 11.13）。多层次是指创新机制包括微观层次、中观层次和宏观层次，涉及产业技术创新、管理层次的组织创新和观念层次的系统创新（图 11.14）。

众所周知，产业技术进步和创新是生态产业结构建设与优化升级的核心推动力。产业技术创新包括服务机制创新、管理机制创新、组织架构创新、业态结构创新、商业模式创新和纯技术创新等方面。

从微观企业层次来说，生态产业技术创新是指企业通过工艺改进、流程再造等方式完成企业内部的物质循环、资源高效利用和节能减排。通过生命周期评价、生命周期设计与生命周期管理等方式实现企业清洁生产。企业层面的生态产业技术创新主要是从生产工艺上进行改进的，因此，中新生态城内的所有企业都必须遵循清洁生产的"3R"原则进行生产，利用物质与能源再生技术实现节能减排。

从中观管理层次来说，生态产业技术创新需要进行产业要素配置、管理组织机构设置和技术管理机制创新。中新生态城生态产业系统的整体规划、构建和运行管理，需要建立完善的生态产业系统管理协调机制，实现中新生态城内部及滨海新区的副产品交换、废弃物和能量的共享，通过产业链接技术来延伸生态产业链，提高资源利用效率、减少废弃物排放、缓解环境压力、降低生产成本，实现经济与资源、环境的协调发展。例如，中新生态城通过建立完善的能源综合利用、水资源综合利用管理系统（图 11.15），来促进水资源的综合再利用；通过引进盐碱地绿化技术，进行中新生态城绿化建设；等等。

从微观管理层次说，生态产业技术创新和实施还需要人们的观念更新、消费模式创新等。一个完整的产业生态系统由生产者、消费者和分解者构成。作为消费者主体的人的行为是影响生态产业系统可持续进行的重要因素。产业发展创新机制的有效进行需要通过生态文化教育和可持续消费制度的建立来实现，形成健康、可持续消费观，才能构建产业和谐、社会发展和生态协调的良好环境。

产业发展创新机制的构建有助于产业生态化和生态建设产业化发展，构建中新生态城完整的生态产业结构体系是促进人与社会、人与环境的和谐共生、协调发展，促进中新生态城生态文明建设的基本保证。

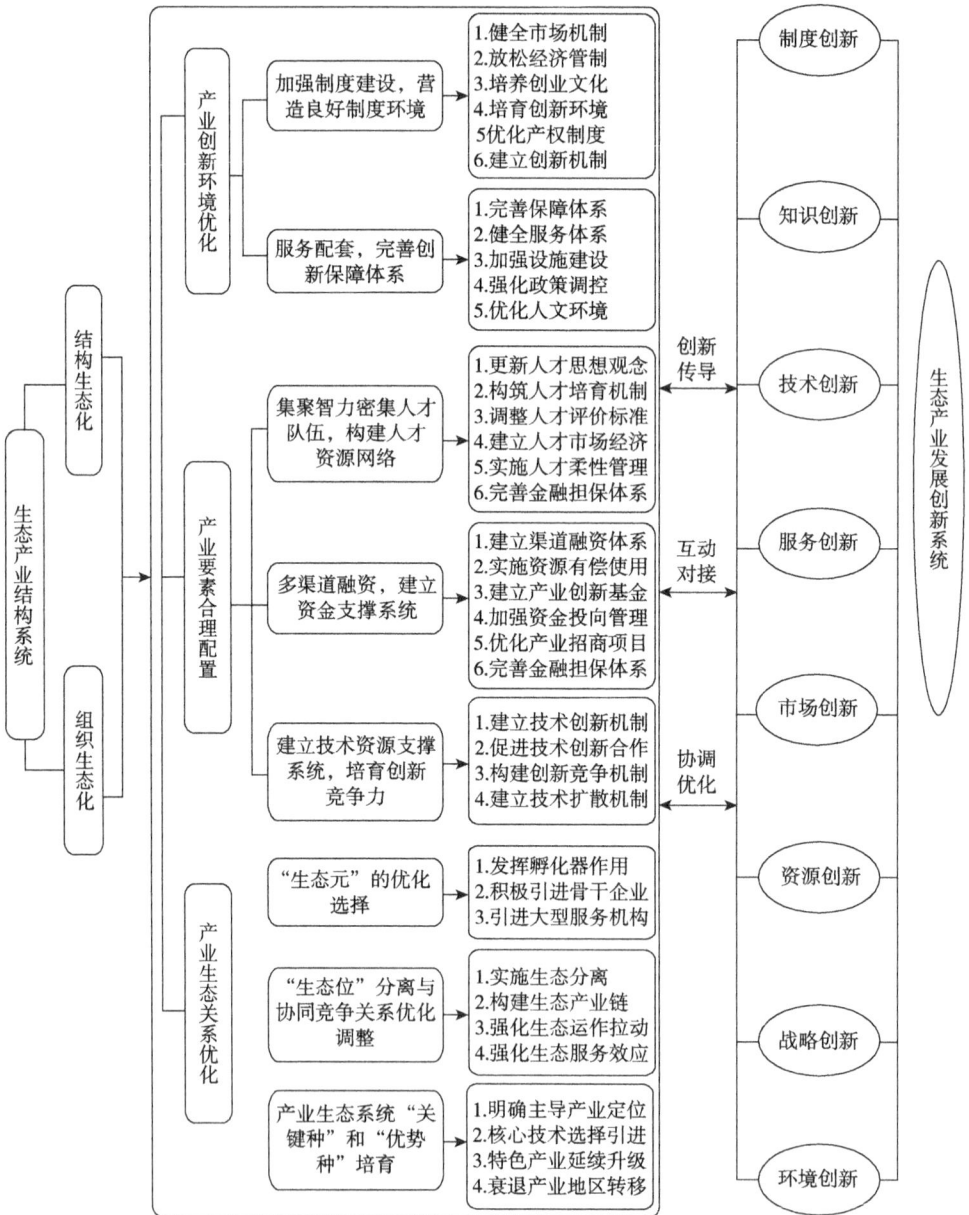

图 11.13　中新生态城生态产业发展创新体系

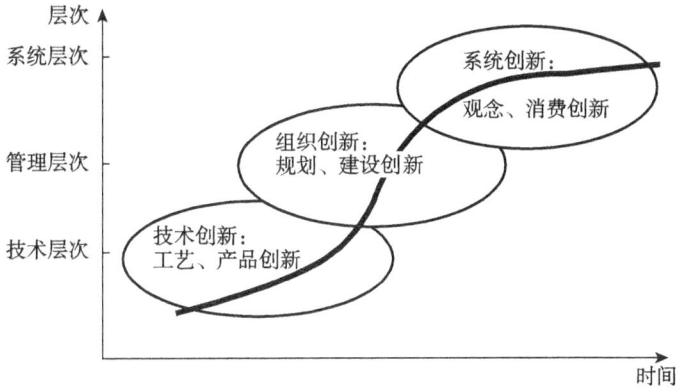

图 11.14　中新生态城生态产业发展创新层次

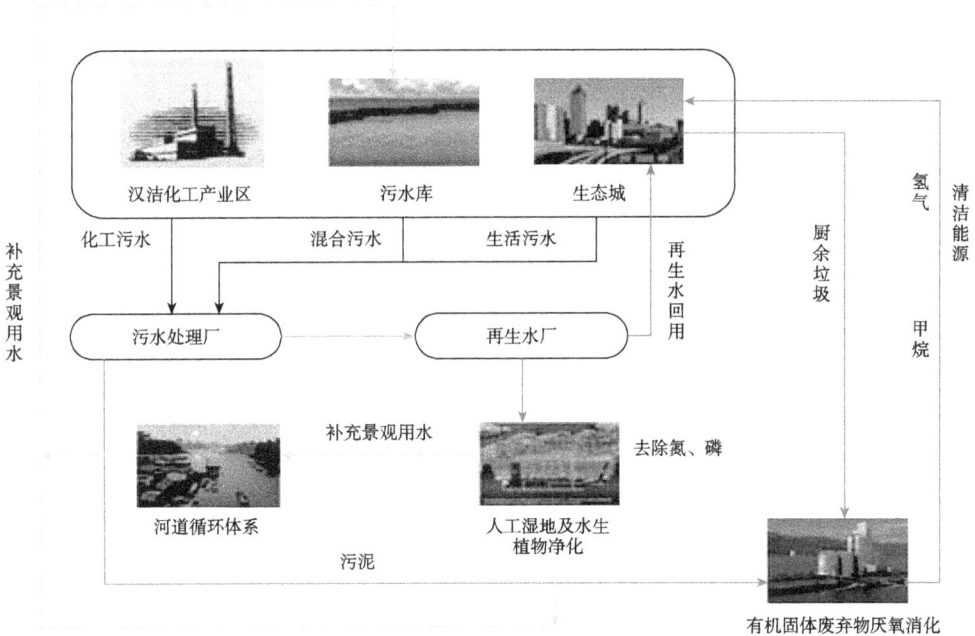

图 11.15　中新生态城水资源循环利用系统

二、管理方法支撑体系

建立完善的方法体系是中新生态城生态产业结构建设的重要手段。立足中新生态城建设的实际，统筹兼顾各方因素，中新生态城的管理方法体系应该包含强制性方法、约束性方法和引导性方法三个方面。

1. 强制性方法

强制性方法就是要建立完备的生态城管理法规体系。在中新生态城内建立一套完备、具体、切实可行的法规体系。对中新生态城的产业规划和建设做出全面具体的规定，构建以生态服务业和环保产业为主的产业结构体系。

2. 约束性方法

约束性方法就是要建立严格的罚款制度与可操作的考评制度。建立多方渗透的公共领域罚款制度，对不按照标准进行生产与污染排放的企业，必须予以大额罚款，并严格执行；建立系统、全面、具体的考评监督体系，包括企业行为的考核与政府行为的监督。通过罚款制度与监督体系限制和约束企业、政府与公众行为，以减少资源浪费与环境破坏。

3. 引导性方法

引导性方法是指基于价格的资源、能源诱导性管理方法，通过价格补贴与生态补偿等方式引导企业开发可再生能源与新能源利用技术。通过宣传教育等辅助手段，加强生态文化建设，促进健康、可持续消费模式的形成，进一步加强企业的环保与节约意识，促进生态产业的建设。

在理性经纪人理论的基础上，所有的理性企业无一例外以追逐利益最大化为目标。以牺牲企业利益为代价的政策措施无异于倒行逆施。相反地，适当的利益刺激将会有利于政策的实施及经济目标的实现。在产业生态化发展的过程中，利益刺激增加了企业执行国家政策的经济可行性。

在我国当前的市场经济环境中，由于自然资源的使用代价较低，并且很少考虑环境及资源利用成本的潜在性，大多数企业选择了耗费资源及污染环境的传统生产模式，而环境友好型的生产方式要求企业投入大量资金引入先进的技术及设备，使生产成本大大提高。要让企业选择更加生态的生产方式，政府需要制定相关的利益刺激机制，通过法律、税收、金融等经济手段明确资源成本，促进产业生态化的经济可行性。

第三节　本章小结

中新生态城正处于规划建设发展阶段，而项目成功的关键在于构建符合生态文明建设理念的生态产业结构体系。本章根据中新生态城的总体规划方案、产业结构要求、产业空间布局规划及社会经济发展状况，结合生态文明建设的生态产业结构理论，利用系统动力学理论构建了生态文明建设的生态产业结构系统动力学模型，并对中新生态城生态产业结构演进进行了情景分析，提出了促进中新生态城生态文明建设的生态产业结构政策和管理方法。

第十二章　结论与展望

生态产业文明是生态文明建设的重要内容，是生态文明建设的物质基础。本书在充分分析生态文明的基本理念、原理，以及产业布局、产业结构演进、产业结构优化理论的基础上，对生态文明建设的产业结构进行了深入系统研究，相关的研究结论总结如下。

（1）生态文明是在产业快速发展、经济不断增长、科学技术飞速进步，以及产业活动与生态环境矛盾不断深化的背景下提出的，是传统"天人合一"思想与现代知识经济的有机结合，而并非传统农业生态文明，生态文明建设有赖于现代科学技术进步，尤其是高新技术、生态技术的进步。

（2）分析了生态文明建设与产业结构之间的关系。生态产业及其产业结构体系构建是生态文明建设的物质基础、基本保障、重要内容、手段与方法；促进生态文明建设的产业结构应具有生态化、协调化、高效化及高级化的基本特征，符合生态文明的本质要求和核心理念；生态产业的发展是促进生态文明建设的物质基础。

（3）提出生态文明建设的产业结构是以经济–社会–环境的全面、高效、协调、可持续发展为目标，以产业生态学为理论依据，以科学发展观和循环经济思想为指导，从根本上解决"高消耗、高污染、高排放、难循环、低效率"的生产方式。节约资源能源和保护生态环境的产业结构，其本质是可持续的产业发展模式。生态文明建设的产业结构体系是以生态农业、生态工业、生态服务业和环保产业相互交织而成的网络耦合系统，是一个具有时间、空间、次序的复合网络体系。

（4）在分析了传统产业布局理论的基础上，提出了生态文明建设的产业布局内涵与原则。生态文明建设的产业布局应该根据地域层次的不同而进行差异化布局，并建立与生态文明建设相符合的生态产业布局模式。

（5）生态文明建设的产业结构优化更强调要实现产业的持续、健康、有序发展，以及经济、自然、社会的和谐共生，产业结构优化的方向应该能促进生态文明建设、促进产业生态化转型、增强产业结构自组织能力与可持续发展能力。基于 PSR 理念构建了以系统压力指标、系统状态指标和系统响应指标为内容的评价指标体系。该指标体系是从整个系统的角度出发，对产业结构的自组织能力与可持续能力的评价。

（6）系统动力学是对复杂时变系统进行动态量化分析的重要方法，本书基于系统动力学的因果反馈思想，构建了以产业子系统为核心、"资源-产业-环境"耦合的生态文明建设的生态产业结构系统动力学模型。

（7）生态城市是生态文明建设的重要载体，也是生态文明建设的重要形式与内容，生态城市产业结构设计与优化是促进生态文明建设的重要手段。本书以中新生态城建设为例进行了产业布局与结构优化研究，认为生态产业结构的构建必须以生态文明理念为指导，以科技为动力，以循环经济为主要实施方式全面贯彻执行；必须建立中新生态城的产业创新机制和完善的管理方法体系。

本书对促进生态文明建设的产业结构研究还存在一些局限与不足之处，在今后的研究中，需要进一步深入、改进与完善。

（1）在本书的研究中，强调生态产业结构中产业之间要协调发展、互补耦合，但是对产业之间具体的关联方式研究不够深入，还需要在今后的研究中继续深化。

（2）生态文明建设的产业结构优化升级系统评价指标体系的建立还需要进一步完善，需建立更加系统的评价指标体系。

（3）建立的生态产业结构系统动力学模型主要考虑了产业子系统对环境系统的影响，但环境对产业子系统影响的分析不够具体，因而生态文明建设的生态产业结构系统动力学模型还需要进一步加以完善。

（4）本书对促进生态文明建设的产业结构政策研究涉及较少，仅给出产业发展创新体系模型，需要在今后的研究中有针对性地指出具体可行的实施方案及对策。

（5）本书以中新生态城建设为例进行了生态文明建设的产业结构研究，中新生态城是一个基于生态文明理念的在建生态区域，由于产业结构系统分析没有历史数据积累，因此本书主要根据中新生态城产业发展规划要求，通过建立广义的生态产业结构系统动力学模型进行系统仿真，对生态产业系统演化进行情景分析，相应的结论将有待跟踪研究分析。

参考文献

[1]程汉忠. 国富密码[M]. 北京：中国水利水电出版社，2008.

[2]卡逊 R. 寂静的春天[M]. 吕瑞兰，李长生译. 长春：吉林人民出版社，1997.

[3]梅多斯 D H，兰德斯 J，梅多斯 D L. 增长的极限[M]. 李涛，王智勇译. 北京：机械工业出版社，2006.

[4]余谋昌. 生态文化——21 世纪人类新文化[J]. 新视野，2003，4：64-67.

[5]郭芙蕊. 文化生态化：现代技术良性发展的文化环境[J]. 科学技术与辩证法，2007，24（2）：72-105.

[6]王如松，李峰. 和谐社会的生态文化基础与培育途径[J]. 中国林业经济，2007，5（2）：6-9.

[7]卢风. 论生态文化与生态价值观[J]. 清华大学学报（哲学社会科学版），2008，23（1）：89-98.

[8]王如松. 生态环境内涵的回顾与思考[J]. 科技术语研究，2005，7（2）：28-31.

[9]刘晓丹，孙英兰. "生态环境"内涵界定探讨[J]. 生态学杂志，2006，25（6）：722-724.

[10]史永亮，王如松，陈亮，等. 基于景观格局优化的北京市域生态环境保育途径[J]. 地域研究与开发，2007，26（2）：97-101.

[11]黄宝荣，欧阳志云，张慧智，等. 中国省级行政区生态环境可持续性评价[J]. 生态学报，2008，28（1）：327-337.

[12]黄宝荣，欧阳志云，张慧智，等. 海南岛生态环境脆弱性评价[J]. 应用生态学报，2009，20（3）：639-646.

[13]吴琼，王如松，李宏卿，等. 生态城市指标体系与评价方法[J]. 生态学报，2005，25（8）：2090-2095.

[14]刘文仲. 生态文化在生态城市建设中的地位与作用[J]. 理论与现代化，2007，（6）：59-66.

[15]仇保兴. 我国城市发展模式转型趋势——低碳生态城市[J]. 城市发展研究，2009，16（8）：1-6.

[16]王如松，欧阳志云. 生态整合——人类可持续发展的科学方法[J]. 科学通报，1996，41（S1）：47-67.

[17]杨建新，王如松. 产业生态学基本理论探讨[J]. 城市环境与城市生态，1998，11（2）：56-60.

[18]刘宗超，黄顺基，于法稳. 中国西部发展生态产业的理论探索[J]. 科技导报，2001，（4）：56-59.

[19]董丽晶. 全球环境变化背景下的产业转型研究问题[J]. 国土与自然资源研究，2008，（3）：14-15.

[20]李文东. 以循环经济理念推动成渝经济区生态产业体系的建立[J]. 软科学，2009，23（4）：87-91.

[21]申曙光，徐立幼. 从现代工业文明到生态文明[J]. 大自然探索，1995，14（51）：31-39.

[22]张仁玲. 工业文明向生态文明转型时期的自然价值论[D]. 南京航空航天大学硕士学位论文，2006.

[23]张晓第. 试论生态文明是工业文明发展的必然结果与最高境界[J]. 经济研究特刊，2008，（5）：119-120.

[24]彭慧芳. 生态文明与工业文明的关系研究[D]. 武汉科技大学硕士学位论文，2008.

[25]Clark C G. The Conditions of Economic Progress[M]. London：Macmillan，1940.

[26]吴剑雄. 资本市场与产业结构调整关系研究[D]. 上海社会科学院博士学位论文，2012.

[27]里昂惕夫 W W. 投入产出经济学[M]. 崔书香译. 北京：商务印书馆，1982.

[28]宋国宇，刘文宗. 产业结构优化的经济学分析及测度指标体系研究[J]. 科技和产业，2005，5（7）：6-9.

[29]汪传旭，刘大镕. 产业结构合理化的定量分析模型[J]. 技术经济，2002，（4）：51-53.

[30]李博，胡进. 中国产业结构优化升级的测度和比较分析[J]. 管理科学，2008，21（2）：86-93.

[31]方湖柳. 结构自组织能力：产业结构合理化的本质标准[J]. 经济论坛，2003，（10）：22-23.

[32]岳映平，徐海燕. 产业结构合理化的本质标准[J]. 现代商业，2008，（29）：106-107.

[33]薛白. 基于产业结构优化的经济增长方式转变——作用机理及其测度[J]. 管理科学，2009，22（5）：114-120.

[34]赵林飞. 产业生态化的若干问题研究[D]. 浙江大学硕士学位论文，2003.

[35]朱红伟. 产业生态化理论的演化和发展研究[J]. 中国地质大学学报，2008，8（5）：27-32.

[36]李慧明，左晓利，王磊. 产业生态化及其实施路径选择——我国生态文明建设的主要内容[J]. 南开大学学报，2009，（3）：34-42.

[37]鲁雁. 产业生态化动因机制及其模型构建[J]. 统计与决策，2011，（4）：60-62.

[38]姬振海. 生态文明论[M]. 北京：人民出版社，2007.

[39]林骧华. 外国学术名著精华辞典[M]. 第一册. 上海：上海人民出版社，1987.

[40]周广胜，王玉辉. 全球生态学[M]. 北京：气象出版社，2003.

[41]McIntosh R. The Background of Ecology Concept and Theory[M]. London：Cambridge University Press，1985.

[42]世界环境与发展委员会. 我们共同的未来[M]. 长春：吉林人民出版社，1997.

[43]Simon J. The Ultimate Resource[M]. Princeton：Princeton University Press，1981.

[44]Opuls W. Ecology and the Politics of Scarcity[M]. San Francisco：W. H. Freeman and Company，1973.

[45]Malerba F. Innovation and the evolution of industries[J]. Journal of Evolutionary Economics，2005，16（1）：3-23.

[46]Freeman C，Soete L. The Economics of Industrial Innovation[M]. London：Penguin Books，1974.

[47]Yildizoglu M. Competing R&D strategies in an evolutionary industry model[J]. Computational Economics，2002，19：51-65.

[48]高洁，盛昭瀚. 产品竞争的产业演化模型研究[J]. 中国管理科学，2004，12（6）：96-102.

[49]盛昭瀚，高洁. 基于 NW 模型的新熊彼特式产业动态演化模型[J]. 管理科学学报，2007，10（1）：1-8.

[50]马歇尔 A. 经济学原理[M]. 廉运杰译. 北京：华夏出版社，2005.

[51]Simon H A. A behavioral model of rational choice[J]. The Quarterly Journal of Economics，1955，69（1）：99-108.

[52]Audretsch D B，Bönte W，Keilbach M. Entrepreneurship capital and its impact on knowledge diffusion and economic performance[J]. Journal of Business Venturing，2008，23（6）：687-698.

[53]盖翊中. 产业生命周期中产业发展阶段的变量特征[J]. 工业技术经济，2006，25（12）：54-55.

[54]常根发. 产业演化、企业持续成长与企业家——对南京民营经济发展的启示[J]. 南京社会科学，2005，（9）：36-42.

[55]黄莉莉，史占中．产业生命周期与企业合作创新选择[J]．上海管理科学，2006，（1）：4-18.

[56]孙天琦．合作竞争型准市场组织的发展与产业组织结构的演进[J]．经济评论，2001，（4）：61-71.

[57]刘世锦，江小涓．中国工业企业组织结构变动的长期展望[J]．社会科学辑刊，1992，（2）：42-46.

[58]崔志，王吉发，冯晋．基于生命周期理论的企业转型路径模型研究[J]．预测，2006，25（6）：22-27.

[59]袁春晓．供给链变迁与企业组织形式的演化[J]．管理世界，2002，（3）：130-136.

[60]杨蕙馨．从进入退出角度看中国产业组织的合理化[J]．东南大学学报（哲学社会科学版），2000，2（4）：11-15.

[61]本书编写组．十七大报告辅导读本[M]．北京：人民出版社，2007.

[62]郑文婷．试论生态文明的产业结构[J]．经济研究，2010，（20）：47-48.

[63]胡锦涛．在中央人口资源环境工作座谈会上的讲话[N]．人民日报，2004-04-05（2）.

[64]叶谦吉．真正的文明时代才刚刚起步——叶谦吉教授呼吁开展"生态文明建设"[N]．中国环境报，1987-06-23.

[65]海克尔ＥＨＰＡ．自然界的艺术形态[M]．陈智威，李文爱译．广州：南方日报出版社，2015.

[66]杨海蛟，王琦．论文明与文化[J]．学习与探索，2006，（1）：66-73.

[67]张国庆．和谐发展：生态文明之路[EB/OL]．科学网，2008-01-11.

[68]刘宗超．生态文明观与中国可持续发展走向[M]．北京：中国科学技术出版社，1997.

[69]贾卫列．生态文明的由来[J]．环境保护，2009，423（7）：75.

[70]吕元礼，张春阳．中国共产党历代领导集体社会主义文明观的历史演进[J]．新视野，2008，（2）：52-54.

[71]胡锦涛．高举中国特色社会主义伟大旗帜为夺取全面建设小康社会新胜利而奋斗——在中国共产党第十七次全国代表大会上的报告[M]．北京：人民出版社，2007.

[72]刘国军．准确把握建设生态文明的深刻内涵[J]．江南论坛，2008，（7）：22-25.

[73]张敏．论文生态文明及其当代价值[D]．中共中央党校博士学位论文，2008.

[74]赵成．生态文明的内涵释义及其研究价值[J]．思想理论教育，2008，（5）：46-51.

[75]张云飞．试论生态文明的历史方位[J]．教学与研究，2009，（8）：5-11.

[76]陈学明．生态文明论[M]．重庆：重庆出版社，2008.

[77]张建宇．生态文明：文明的整合与超越[N]．人民日报，2007-10-29.

[78]巴志鹏．中国共产党生态文明思想的理论渊源和形成过程[J]．河南社会科学，2008，6（12）：5-8.

[79]张承惠．当前我国经济结构存在的主要问题[EB/OL]．http://www.chinareform.org.cn/Economy/Macro/Forward/201007/t20100727-37875.htm，2001-09-10.

[80]骆世明，等．农业生态学[M]．长沙：湖南科技出版社，1987.

[81]王如松，蒋菊生．从生态农业到生态产业——论中国农业的生态转型[J]．中国农业科技导报，2001，3（5）：7-12.

[82]马传栋．论生态产业化与产业生态化[EB/OL]．http://dzrb.dzwww.com/dazk/dzlc/t20030406-640424.htm，2006-05-24.

[83]黄茂生，王新华，王俊鹏．产业系统的构成及其要素分析[J]．大众科技，2005，（11）：252-253.

[84]范金，郑庆武，梅娟. 应用产业经济学[M]. 北京：经济管理出版社，2004.

[85]曾国屏，高亮华. 产业哲学研究评述[J]. 科学技术与社会，2006，（7）：18-23.

[86]Porter M E. Competitive Advantage：Creating and Sustaining Superior Performance[M]. New York：Free Press，1985.

[87]配第 W. 政治算术[M]. 陈冬野译. 北京：商务印书馆，1978.

[88]斯密 A.国民财富的性质和原因的研究[M]. 郭大力，王亚南译. 北京：商务印书馆，2008.

[89]梁缘，冯昊. 外资并购的经济效应：基于产业发展的视角[J]. 北方经济，2013，（21）：49-50.

[90]车维汉. "雁行形态"理论研究评述[J]. 世界经济与政治论坛，2004，（3）：88-92.

[91]Lewis W A. Economic development with unlimited supply of labor[D]. The Manchester School of Economic and Social Studies，1954.

[92]关满博. 东亚新时代的日本经济——超越"全套型"产业结构[M]. 陈生保译. 上海：上海译文出版社，1993.

[93]苏东水. 产业经济学[M]. 北京：高等教育出版社，2000.

[94]中华人民共和国国家统计局. 国家统计局关于印发〈三次产业划分规定〉的通知[R]，2003.

[95]王奇，叶文虎. 可持续发展与产业结构创新. 中国人口资源与环境，2001，12（1）：9-12.

[96]张久台. 产业结构高度化的理论与实证研究——以西安为例[D]. 西北大学硕士学位论文，2009.

[97]汤斌.产业结构演进的理论与实证分析——以安徽省为例[D].西南财经大学博士学位论文，2005.

[98]李里. 我国产业结构合理化研究[J]. 生产力研究，2011，（8）：153-154.

[99]中共中央马克思恩格斯列宁斯大林著作编译局. 马克思恩格斯全集. 北京：人民出版社，1980.

[100]焦兴国. 产业塔论. 北京：经济科学出版社，2002.

[101]宋小芬.产业结构演进的一般性与多样性——一个一般性原理及对中国工业化的分析[D].暨南大学博士学位论文，2008.

[102]刘贵富，赵英才. 产业链：内涵、特性及其表现形式[J]. 财经理论与实践，2006，27（141）：114-117.

[103]陈晓涛. 产业演进论[D]. 四川大学博士学位论文，2007.

[104]王贵明. 基于资源承载力的产业结构生态化调整[J]. 产经评论，2011，1（1）：60-66.

[105]黄泰岩. 国际经济热点前沿[M]. 北京：经济科学出版社，2004.

[106]万志博. 欠发达地区产业结构高度化的实证分析与思考[J]. 东岳论丛，2009，30（6）：121-125.

[107]彭宗波，陶忠良，蒋菊生. 生态产业的发展历程及未来趋势[J]. 华南热带农业大学学报，2005，11（1）：45-50.

[108]李军. 生态可持续发展与生态产业的开发[J]. 农业与技术，2006，（5）：6-9.

[109]郑四华，郭灵. 生态工业的基础理论及问题研究综述[J]. 企业经济，2010，（2）：29-31.

[110]赵国庆. 谈包钢生态工业园区的建设[J]. 包钢科技，2009，35（S1）：106-108.

[111]王兆华. 生态工业园工业共生网络研究[D]. 大连理工大学博士学位论文，2002.

[112]袁增伟. 生态工业园区产业共生网络优化调控研究[D]. 南京大学博士学位论文，2004.

[113]明庆忠，李庆雷，陈英. 旅游产业生态学研究[J]. 社会科学研究，2008，（6）：123-128.

[114]孙婷. 关于发展贵阳市南明区生态服务业的几点思路[J]. 特区经济，2007，（5）：202-204.

[115]杨桂华，李鹏. 旅游生态足迹：测度旅游可持续发展的新方法[J]. 生态学报，2005，25（6）：1475-1480.

[116]屈广义，郭怀成，孙延枫，等. 北京密云水库地区可持续发展模式研究[J]. 中国人口、资源与环境，2002，12（2）：81-86.

[117]李春发，李红薇，徐士琴，等.生态城市建设的系统动力学分析——以中新生态城为例[J].大连理工大学学报（社会科学版），2009，30（3）：22-28.

[118]杨全照. 我国产业结构调整的内在因素及其趋势[J]. 经济师，2001，（4）：15-17.

[119]唐艳，周冶芳. 现代企业组织的扁平化结构探析[J]. 当代经济，2011，（17）：50-51.

[120]王曙光，王鹏. 企业组织创新在企业成长阶段中的动态演化[J]. 科技和产业，2010，10（1）：56-59.

[121]林鲁生. 知识经济与企业组织创新[J]. 现代企业，2008，（12）：4-5.

[122]周宏春. "十二五"经济与资源环境协调发展态势[J]. 理论视野，2010，（8）：27-33.

[123]贾晓娟. 资源环境约束下的"两型社会"产业结构调整[J]. 理论与实践，2008，（3）：86-88.

[124]刘玉霞. 产业结构演变与调整的机制分析[J]. 商业现代化，2007，（507）：211.

[125]曹承宇. 产业政策对行业发展的影响[J]. 中国农药，2011，（2）：14-17.

[126]李春发，李萌萌，王强，等. 生态工业共生网络中利益相关者关系研究[J]. 软科学，2012，26（12）：5-9.

[127]帖征，白松松，郑浩文. 关于动态竞争环境下企业战略能力的研究[J]. 企业经济，2011，（9）：21-23.

[128]刘建国. 产业市场环境特征与企业战略风险[J]. 技术经济与管理研究，2010，（6）：79-82.

[129]郝小红. 科技资源优化配置促进新型支柱产业发展的机制研究[J]. 科技情报开发与经济，2011，21（6）：166-168.

[130]张东明. 努力建设资源节约型环境友好型社会[J]. 江东论坛，2006，（1）：5-6.

[131]史宝康，郭斌. 科技创新型企业评价指标体系研究[J]. 首都经济贸易大学学报，2010，（5）：70-76.

[132]綦慧萍，金勇. 创建资源节约型 环境友好型企业的思考[J]. 矿业工程，2011，9（1）：37-39.

[133]李荣俊. 加快建设资源节约型社会[J]. 学习月刊，2011，（14）：57-58.

[134]陈瑞清. 大力发展循环经济构建资源节约环境保护型和谐社会[J]. 职大学报，2005，（4）：1-5.

[135]李春发，李红薇，徐士琴. 促进生态文明建设的产业结构体系架构研究[J]. 中国科技论坛，2010，166（2）：48-53.

[136]沈耀良，曹晓莹. 构建循环经济型产业体系加快环保产业的发展[J]. 苏州科技学院学报（社会科学版），2004，21（4）：26-30.

[137]吴国华. 产业结构经济学原理[M]. 杭州：浙江大学出版社，1994.

[138]Fetter F A．The economic law of market areas[J]. The Quarterly Journal of Economics，1924，38（3）：520-529.

[139]勒施 A．经济空间秩序：经济财货与地理间的关系[M]. 王守礼译. 北京：商务印书馆，2010.

[140]胡佛 E M．区域经济学导论[M]. 郭万清等译. 上海：上海远东出版社，1992.

[141]Vernon R. International investment and international trade in the product cycle[J]. The Quarterly

Journal of Economics，1966，80（2）：190-207.

[142]克鲁格曼 P．地理与贸易[M]．黄胜强译．北京：中国社会科学出版社，2001.

[143]Pred A．Behavior and Location：Foundations for a Geographic and Dynamic Location Theory Part 1[M]．Lund：The Royal University of Lund，1967.

[144]Moore B，Rhodes J．Regional economic policy and the movement of manufacturing firms to development areas[J]．Economica，1976，43（13）：17-31.

[145]Dunn E S．The market potential concept and the analysis of location[J]．Papers in Regional Science，1956，2（1）：183-194.

[146]Raumordnung O E．Raumforschung und Geographie[M]．Berlin，Heidelberg：Institut fur Raumforschung, Informationen，1953.

[147]Hotelling H．Stability in competition[J]．The Economic Journal，1929，39（153）：41-57.

[148]李春发，李建建，李井锋．基于委托代理关系的生态产业链均衡研究[J]．管理科学，2011，24（3）：101-110.

[149]杨亚平．广东工业企业技术创新政策研究[D]．暨南大学硕士学位论文，2002.

[150]孔令丞．论中国产业结构优化升级[D]．中国人民大学博士学位论文，2003.

[151]张立柱．区域产业结构动态性评价与应用研究[D]．山东科技大学博士学位论文，2007.

[152]Rapport D，Friend A．Towards a Comprehensive Framework for Environmental Statistics：A Stress-Response Approach[M]．Washington, DC：Statistics Canada, Office of the Senior Adviser on Integration，1979.

[153]周林飞，许士国，孙万光．基于压力-状态-响应模型的扎龙湿地健康水循环评价研究[J]．水科学进展，2008，19（2）：205-213.

[154]谢花林，李波，刘黎明．基于压力-状态-响应模型的农业生态系统健康评价方法[J]．农业现代化研究，2005，26（5）：366-369.

[155]李小燕，任志远．基于"压力-状态-响应"模型的渭南市生态安全动态变化分析[J]．陕西师范大学学报（自然科学版），2008，36（5）：82-97.

[156]笪可宁，赵云龙，李向辉，等．基于压力-状态-响应概念框架的小城镇可持续发展指标体系研究[J]．生态经济，2004，（12）：38-40.

[157]于伯华，吕昌河．基于 DPSIR 概念模型的农业可持续发展宏观分析[J]．中国人口·资源与环境，2004，14（5）：68-52.

[158]宋红梅，薛龙义，王艳芳，等．基于 PSR 模型的临汾市生态经济区划研究[J]．山西师范大学学报（自然科学版），2009，23（2）：113-116.

[159]王燕，宋辉．影响力系数和感应度系数计算方法的探讨[J]．价值工程，2007，（4）：40-42.

[160]王其藩．高级系统动力学[M]．北京：清华大学出版社，1995.

[161]黄振中，王艳，李思一，等．中国可持续发展系统动力学仿真研究[J]．计算机仿真，1997，14（4）：3-7.

[162]王艳，李思一，吴叶军，等．中国可持续发展系统动力学仿真研究——社会部分[J]．计算机仿真，1998，15（1）：5-7.

[163]丁凡，王艳，李思一，等 中国可持续发展系统动力学仿真研究——环境部分[J]．计算机仿真，1998，15（1）：8-10.

[164]吴叶军，王艳，黄振中，等．中国可持续发展系统动力学仿真研究——能源部分[J]．计算

机仿真, 1998, 15 (1): 11-13.

[165]陈成鲜, 严广乐. 我国水资源可持续发展系统动力学模型研究[J]. 上海理工大学学报, 2000, 22 (2): 154-159.

[166]李春发, 杨建超. 天津滨海新区产业生态系统可持续性的能值分析[J]. 城市问题, 2013, (12): 37-44.

[167]蔡林, 高速进. 区域可持续发展系统动力学综合协调模型研究[J]. 环境保护, 2009, 418: 67-70.

[168]曲勃. 基于系统动力学的矿产资源开发生态社会经济系统研究[J]. 工业技术经济, 2009, (10): 111-114.

[169]李春发, 曹莹莹, 杨建超, 等. 基于能值与系统动力学的中新天津生态城可持续发展模式情景分析[J]. 应用生态学报, 2014, 23 (8): 2455-2465.

[170]李春发, 曹莹莹, 杨建超, 等. 基于能值的天津滨海新区可持续发展动力学分析[J]. 大连理工大学学报 (社会科学版), 2015, 36 (1): 12-18.

[171]张在旭, 王只坤, 侯风华, 等. 石油勘探开发可持续发展 SD 模型的建立与应用[J]. 工业工程, 2002, 5 (2): 1-6.

[172]尚天成, 孙玥, 李翔鹏, 等. 系统动力学的生态旅游系统承载力[J]. 天津大学学报 (社会科学版), 2009, 11 (3): 277-280.

[173]张妍, 于相毅. 长春市产业结构环境影响的系统动力学优化模拟研究[J]. 经济地理, 2003, 23 (5): 681-685.

[174]中国城市规划设计研究院, 天津市城市规划设计研究院, 新加坡生态城工作组. 中新天津生态城总体规划(2008—2020 年)[R]. 中新天津生态城管理委员会, 2008.

[175]施佩, 涂国平. 系统动力学建模法在城市生态系统健康评价中的应用[J]. 决策参与, 2007, (8): 37-38.